Altbau-Elektroloks

Farbbild-Raritäten
aus dem Archiv Dr. Rolf Brüning – Band 1

Impressum:

Altbau-Elektroloks

Farbbild-Raritäten aus dem Archiv Dr. Rolf Brüning, Band 1

Bibliografische Information der Deutschen Nationalbibliothek

Die Deutsche Nationalbibliothek verzeichnet diese Publikation in der Deutschen Nationalbibliografie; detaillierte bibliografische Daten sind im Internet über http://dnb.d-nb.de abrufbar.

ISBN 978-3-937189-19-2

2. erweiterte Auflage 2016

Herstellung: Axel Ladleif, DGEG Medien GmbH
Druck und Verarbeitung: Bonifatius Druck, Paderborn

Nordstraße 32 · 33161 Hövelhof
www.dgeg.de

Titelbild

In der frühen Morgensonne des 8. August 1958 haben die frischen Farben von E 16 05, der vormaligen ES 1 21005, bei Vachendorf besonders intensiv geleuchtet. Die im Bw Freilassing stationierte Lokomotive war ein Musterbeispiel für die vorbildliche Pflege in ihrem Heimat-Betriebswerk. Diese Aufnahme verdankt ihre Entstehung einer an diesem Tag stattgefundenen „Sonderfahrt des Gläsernen Zuges“, auf den der Fotograf damals gewartet hat – siehe „Farbbild-Raritäten“ Band 8 Seite 51 – und in Unkenntnis der exakten Durchfahrzeit vorsorglich viel zu früh am Bahndamm gestanden hat.

Die Gruppenverwaltung Bayern hat sich das Verdienst erworben, die erste deutsche elektrische Schnellzuglok mit Einzelachsantrieb beschafft zu haben. Die ab 1926 noch als ES 1 gelieferten und später als E 16 bezeichneten Maschinen waren mit Buchli-Antrieb ausgerüstet. Auf der linken Lokseite waren seitlich der innengelagerten Treibachsen Großräder auf Hilfsrahmen fliegend gelagert, während die rechte Lokseite frei geblieben ist. Der mit Gelenkhebeln arbeitende Antrieb hat bei den Ae 3/6 und Ae 4/7 der SBB große Stückzahlen erreicht. Im Bw Freilassing hat der Autor dieses Buches am 25. Mai 1958 aus E 16 10 in seine im Führerstand einer 64 betätigte Kamera geschaut, die den damaligen Oberprimaner aus Frankfurt in den Pfingstferien auf Eisenbahn-Foto-Reise mit dem Moped durch Oberbayern begleitet hat.

Vorwort

Schon in meiner Jugend haben mich Altbau-Elloks besonders interessiert. Lag es an meiner ersten HO-Lok, die 1949 in Form einer E 44 von Märklin unter dem Weihnachtsbaum stand? Gab vielleicht ein 1954 erworbenes Sonderheft der Eisenbahn aus Wien „50 Jahre Elektro-Vollbahnlokomotiven“ von Stockklausner den Ausschlag? Sicher ist, dass 1955 mein erstes selbst gebautes HO-Modell die E 91.9 zum Vorbild hatte.

Um diese Zeit hat mein Vater als begeisterter Amateur-Fotograf mit der Aufnahme von Farbdias begonnen, und nachdem ich im VDEF einen Farbdia-Vortrag von Carl Bellingrodt über die Strecke Frankfurt – Würzburg erlebt hatte stand fest, dass ich zukünftig die Eisenbahn in Farbe festhalten würde.

Der Aufbau meines Farbdia-Archivs wäre sicher nicht in dem erreichten Umfang möglich gewesen, wenn mir meine Eltern nicht Ostern 1957 eine DKW-Hummel geschenkt hätten. Mit diesem Moped habe ich größere Reisen angetreten, die im Frühjahr 1958 zur Wiesen- und Wehratal-Bahn sowie in das Höllental geführt haben. In den Pfingstferien hatten mich Freunde in Traunstein beherbergt, so dass ich zwischen Rosenheim, Landshut und Berchtesgaden an den Bahnstrecken entlang geknattert bin. Danach bin ich über Regensburg in strömendem Regen zu Bekannten nach Fürth gebrummt. Von dort aus konnte ich zu etlichen Fotos im Bw Nürnberg Hbf, in Spalt sowie bei Bamberg starten, bevor es entlang der damaligen Kursbuchstrecke 416 zurück nach Frankfurt gegangen ist.

In den Sommerferien 1958 hatte ich wiederum ein Quartier in Traunstein. Am 18. Juli hat eine Fahrt nach Mittenwald, Garmisch und Murnau auf dem Rückweg spät abends bei Rosenheim mit Lagerschaden am Hinterrad geendet. Glücklicherweise hat nachts der allerletzte Personenzug das Moped und mich nach Traunstein befördert. Nach eintägiger Reparatur hat mich die brave Hummel dann über München, Augsburg und Ulm nach Stuttgart gebracht, wobei an der Geislinger auf rasanter Talfahrt schlagartig die Luft aus dem Vorderreifen entwichen ist und zu gefährlichen Schlangenlinien gezwungen hat. Glücklicherweise ist niemand entgegen gekommen. Das Reifenflicken war ohnehin zur Gewohnheit geworden, denn auf Feldwegen hat öfters ein Hufnagel den Weg durch's Gummi gefunden.

Nach dem Abitur im Februar 1959 war ich mit dem Moped zur Spielwaren-Messe nach Nürnberg gefahren und weiter zur „Seekuh“ Erlangen – Eschenau, in die fränkische Schweiz sowie in den Fankenwald. Ende März durfte ich von meinem Vater sein durch ein neues Exemplar abgelöstes Käfer-Cabrio übernehmen, mit dem es gemeinsam mit meinem Vetter Werner auf eine große Fotoreise durch Süddeutschland gegangen ist. Nach dem ersten Semester in Marburg waren wir dann mit dem hellblauen Käfer an Bahnstrecken in Oberbayern, im Bayerischen Wald und in der Oberpfalz unterwegs. Etliche auf diesen Fahrten angefertigte Bilder sind auf den nachfolgenden Seiten zu finden.

Was ist nun eigentlich eine Altbau-Ellok? Streng genommen ist das eine elektrische Lokomotive, die vor Gründung der Deutschen Bundesbahn im Jahr 1949 gebaut worden ist. Weil aber noch bis 1956 Maschinen (E 18, E 44, E 94) im Wesentlichen nach alten Konstruktionsplänen gebaut worden sind, erscheint es mir sinnvoll unter Altbau-Elloks generell solche zu verstehen, deren Entwicklung und Konstruktion aus der Zeit vor 1949 stammt.

Seit der Erstauflage von Band 1 der „Farbbild-Raritäten“ mit Altbau-Elloks sind ergänzend in Band 6 dieser Buch-Reihe Farbfotos von DB-Neubau-Elloks und in Band 8 von elektrischen Triebwagen veröffentlicht.

Die nun vorliegende zweite Auflage ist den Wünschen zahlreicher Eisenbahnfreunde folgend um rund 50 Aufnahmen erweitert. Abgesehen von wenigen Bildern zur Darstellung der historischen Entwicklung stammen fast alle Fotos aus den letzten 1950er-Jahren, als Elloks noch mit „E“ bezeichnet waren. In jenen Jahren sind die wichtigsten Hauptstrecken der Deutschen Bundesbahn elektrifiziert worden, und im süddeutschen Raum waren noch viele Altbau-Elloks einschließlich etlicher Exemplare aus der Länderbahnzeit anzutreffen. Auch diverse Sonderbauarten, wie E 80 oder E 244, waren noch im täglichen Einsatz. Diese enorme Typenvielfalt zeigen die folgenden Seiten, die für jüngere Eisenbahnfreunde historische Dokumente darstellen, während sie bei älteren manch wehmütige Erinnerung wachrufen, denn fast alle hier abgebildeten Fahrzeuge sind inzwischen ausgemustert worden.

Die Reihenfolge der Bilder entspricht generell dem Verwendungszweck vom Schnellzug zum Güterzug und innerhalb der Gattungen chronologisch nach dem ersten Lieferjahr unter Berücksichtigung geografischer Gesichtspunkte. Kritisch ist die Trennung zwischen Personen- und Güterzugloks, denn Elloks mit zwei bis vier Treibachsen waren für beide Zugarten geeignet und eingesetzt. Daher werden sie nachfolgend gemeinsam als Mehrzweckloks behandelt. Bei den reinen Güterzug-Elloks mit sechs Treibachsen sind nach den Stangen-Lokomotiven die davon abgeleiteten Rangierloks mit drei Treibachsen beschrieben, bevor es zu den Sechsachsern mit Einzelachsantrieb geht. Nach Vorstellung weniger Akku-Loks betrifft der letzte Abschnitt den 50 Hz-Versuchsbetrieb auf der Höllentalbahn.

Die mehr als 100-jährige Geschichte der elektrischen Vollbahn-Lokomotiven beginnt mit E 69 01, die am 19. Februar 1906 als LAG Nr. 1 in Dienst gestellt worden ist. Aus diesem Grunde habe ich den Werdegang ab der Länderbahnzeit in einem Rückblick zusammengefasst, wobei auf technische Details allerdings nur soweit eingegangen wird, wie es zum Verständnis notwendig erscheint. Wer tiefer in die Materie eindringen möchte, dem sei die heutzutage umfangreiche Spezial-Literatur empfohlen, die auszugsweise am Ende des Bandes verzeichnet ist. In der chronologischen Übersicht werden die gegenseitigen Einflüsse der für verschiedene Betriebszwecke geschaffenen Typen aufgezeigt, während vorangestellte Texte die einzelnen Gattungen behandeln.

Bei angegebenen Zugnummern ist zu beachten, dass bis zum Sommer 1971 gegolten hat: ungerade Zahl = Zug in Süd-Nord-Richtung, nachfolgende gerade Zahl = Gegenzug.

Für fotografisch interessierte Leser sei bemerkt, dass ich anfangs Vaters Leica, später eine eigene Kodak-Retina-Reflex, danach eine Voigtländer Bessamatic und zuletzt eine Canon A-1 verwendet habe. Meiner Abneigung gegen gestauchte Perspektive folgend sind fast alle Bilder mit einem Objektiv mit 50 mm Brennweite auf Agfacolor CT 15 bzw. CT 18 Kleinbild-Diafilmen aufgenommen. Für dieses Buch habe ich hauptsächlich Streckenaufnahmen ausgewählt, welche Züge mit Altbau-Elloks in ihrer charakteristischen Landschaft zeigen. Die wenigen Bahnhofs- und Bw-Fotografien sind Typenabbildungen vorbehalten. Diese Mischung dürfte nicht nur den Eisenbahnfreund ansprechen, sondern auch Modellbahnern gerecht werden, die sich über Anregungen für die naturgetreue Ausgestaltung ihrer Anlage freuen.

An dieser Stelle möchte ich mich bei den zahlreichen Eisenbahnern bedanken, durch deren Mithilfe einige Aufnahmen erst ermöglicht wurden, beispielsweise durch Herausfahren eines Fahrzeuges aus dem Schuppen in die Sonne oder durch Mitteilung des Einsatzplanes einer bestimmten Lok. Allen, die zum Gelingen dieses Bandes beitrugen, gilt mein besonderer Dank.

Bruchköbel, im Februar 2016
Dr. Rolf Brüning

Inhalt

Die Entwicklung der Elektro-Traktion auf Deutschlands Bahnen – ein kleiner Rückblick

Nachdem Werner von Siemens 1879 auf der Berliner Gewerbeausstellung die heute im Deutschen Museum in München zu bewundernde erste elektrische Lokomotive der Öffentlichkeit vorgestellt hatte, sind zahlreiche Versuche unternommen worden, die Elektrizität dem Bahnbetrieb nutzbar zu machen. Für die Verbreitung des elektrischen Betriebes haben vor der Wende zum 20. Jahrhundert vor allem Triebwagen gedient, insbesondere auf Straßen- und Überlandbahnen. 1881 haben Siemens & Halske die erste elektrische Straßenbahn in Groß-Lichterfelde bei Berlin eröffnet. Dabei sind Zuleitung und Rückführung des Stromes über je eine Fahrschiene erfolgt. Das Zweileiter-Gleichstrom-System ist also keine Erfindung der Modelleisenbahner. Auch die Mittelschiene wurde bereits von Siemens benutzt, und zwar auf der Ausstellungsbahn von 1879. Mittelschiene mit 150 V bzw. Fahrschienenspannung von 180 V kann aber nicht gerade als ungefährlich angesehen werden. Daher hatte die am 29. April 1882 zwischen Charlottenburg und dem Ausflugslokal Spandauer Bock eröffnete Straßenbahn eine zweipolige Oberleitung erhalten. Die 1884 zwischen Offenbach und Frankfurt/M-Sachsenhausen in Betrieb genommene Trambahn hat eine zweipolige Schlitzrohrfahrleitung besessen, bei der Kontaktschiffchen federnd in unten aufgeschlitzten Rohren geglitten sind. Um 1890 haben Siemens & Halske federnde Bügelstromabnehmer eingeführt, womit das Problem der Stromzuführung grundsätzlich gelöst war. Die Konstruktion stammte vom jungen Hochschulabsolventen Walter Reichel. Das erste Straßenbahnnetz ist 1891 in Halle eröffnet worden, und die erste preußische Überlandbahn ist 1894 von Düsseldorf nach Krefeld gefahren. Die bekannte Wuppertaler Schwebebahn verkehrt seit dem Jahr 1900.

Die ersten Vollbahnen

Die erste elektrisch betriebene Vollbahn in Deutschland ist von der Lokalbahn AG München im Jahr 1895 mit Triebwagen zwischen Meckenbeuren und Tettnang eröffnet worden – siehe Farbbild-Raritäten Band 8. Oskar von Miller, der Gründer des Deutschen Museums, hatte die Planung und Bauleitung durchgeführt. Damit war der erste Schritt zur Fernbahn-Elektrifizierung getan, aber bis zur Schaffung eines ausgedehnten Netzes war noch manche Hürde zu überwinden. Zwar waren damals Gleichstrommotoren zu einer gewissen Betriebstüchtigkeit entwickelt, aber für längere Strecken besteht der Nachteil, dass bei Gleichstrombetrieb mit niedriger Spannung (ca. 500 V) wegen hoher Stromstärke große Verluste in der Fahrleitung eintreten. Dies bedingt einen relativ kurzen Abstand der Speisepunkte. Bei höherer Spannung (bis 3000 V) musste diese während des Anfahrens mittels Vorwiderständen im Triebfahrzeug herabgesetzt werden, denn verlustfrei arbeitende Halbleitertechnik war damals noch unbekannt. In Triebfahrzeugen mit mehreren Motoren konnten durch Serienschaltung bzw. Serien-Parallel-Schaltungen von Gruppen die Verluste auf ein tragbares Maß reduziert werden, wie die Erfolge in Italien und bei unseren westlichen Nachbarn gezeigt haben. Auch hat es nicht an frühen Versuchen gefehlt, den im Aufbau einfachen kollektorlosen Drehstrom-Motor im Bahnbetrieb einzusetzen, wobei die Vorteile in der Transformierbarkeit sowie in der Nutzbremsung bei Überschreiten der Synchrondrehzahl liegen, als Nachteile aber die geringe Anzahl von verlustarmen Fahrstufen und vor allem die zweipolige Oberleitung zu Buche schlagen. Nur in Italien war ein ausgedehntes Drehstromnetz entstanden, das aber bis 1976 auf das dort übliche 3000 V-Gleichstromsystem umgestellt worden ist.

Zur Ermittlung des günstigsten Stromsystems sind um die Wende zum 20. Jahrhundert verschiedene Strecken im Süden von Berlin für Versuche mit Drehstrom, Gleichstrom bzw. Wechselstrom ausgerüstet worden. Die 1899 gegründete „Studiengesellschaft für elektrische Schnellbahnen“ hat die 23 km lange Militäreisenbahn von Marienfelde nach Zossen mit einer seitlichen dreipoligen Fahrleitung für Drehstrom von 10 kV/55 Hz versehen. Dort haben die berühmten Schnellfahrten mit je einem Triebwagen von AEG und von Siemens sowie mit einer Siemens-Lokomotive stattgefunden. Aus letzterer ist übrigens später die Murnauer E 69 04 entstanden. Am 28. Oktober 1903 hat der AEG-Triebwagen die enorme Geschwindigkeit von 210,2 km/h erreicht. Dass dabei Fahrleitung und Oberbau beschädigt worden sind, sei nur am Rande vermerkt. Trotz des Geschwindigkeitsrekords, der erst am 21. Februar 1954 von der französischen Gleichstrom-Maschine CC-7121 mit 243 km/h überboten worden ist, hat man in Deutschland keinen Gefallen am Drehstrom-System finden können.

Vom 1. August 1900 bis zum 1. Juli 1902 sind auf der Wannseebahn von Berlin nach Zehlendorf Triebwagen gefahren, denen 600 V Gleichstrom über eine seitliche Stromschiene zugeführt worden ist. Diese Versuche sind in größerem Maßstab ab 18. Juli 1903 auf der Strecke vom Potsdamer Vorortbahnhof nach Lichterfelde Ost fortgeführt worden und haben zur Elektrifizierung der Berliner S-Bahn mit diesem für den Nahverkehr geeigneten System geführt.

Wechselstrom setzt sich durch

Wegen der Nachteile der bisher ausgeführten Systeme für Fernbahnen ist in Zusammenarbeit von Preußisch-Hessischer-Staatseisenbahn und Union-Elektricitäts-Gesellschaft (UEG), der späteren AEG, die 4,1 km lange Strecke von Niederschöneweide-Johannisthal nach Spindlersfeld für den Betrieb mit Einphasen-Wechselstrom von 6 kV/25 Hz eingerichtet worden. Für lange Strecken eignet sich Wechselstrom besonders gut, weil er einerseits ähnliche Motoren wie für Gleichstrombetrieb zulässt und andererseits transformierbar ist, so dass hohe Fahrleitungsspannung mit niedrigen Verlusten und somit große Abstände der Unterwerke möglich sind.

Der Probebetrieb auf der Strecke nach Spindlersfeld ist am 14. August 1903 eröffnet worden. Als Fahrzeuge waren zwei zweimotorige sechsachsige Triebwagen mit der Achsfolge (A1A)'3' und drei Beiwagen im Einsatz. Die Probestrecke war erstmals mit einer Kettenfahrleitung mit Vielfachaufhängung an einem Tragseil versehen, der Urform der heutigen Einheitsfahrleitung.

Initiator der gründlichen Erprobung aller drei Stromsysteme war Dr.-Ing. e. h. Gustav Wittfeld, dessen Name auch eng verbunden ist mit der preußischen 2'B2'-n3v-Schnellfahrlokomotive S 9 der Bauart Kuhn-Wittfeld und mit den preußischen Akku-Triebwagen der Bauart Wittfeld. Das größte Verdienst Wittfelds war zweifellos sein Engagement für die Fernbahn-Elektrifizierung.

Die Resultate der Probestrecken haben zur Elektrifizierung der Hamburger S-Bahn mit 6,3 kV/25 Hz geführt. Nachdem 1905 entsprechende Aufträge vergeben waren, ist am 1. Oktober 1907 der elektrische Oberleitungsbetrieb zwischen Blankenese und Ohlsdorf eröffnet und 1916 noch bis Poppenbüttel ausgedehnt worden. Im Rahmen einer 1936 begonnenen Verkehrsplanung für den Großraum Hamburg, wobei verschiedene Tunnelstrecken und nördlich von Hamburg eine zweigeschossige Elbbrücke vorgesehen waren, hat man sich für die Stromzuführung über Seitenschiene entschieden, weil diese weniger Lichtraum beansprucht als Oberleitung. Die mit 1200 V Gleichstrom gespeiste Stromschiene ist ab 1940 in Betrieb gegangen. Allerdings konnte der Wechselstrombetrieb infolge kriegsbedingter Verzögerung erst 1955 endgültig aufgegeben werden.

Die ersten Fernbahnen

Im Jahr 1905 sind elektrische Triebwagen auf der Lokalbahn Murnau – Oberammergau mit Wechselstrom von 5 kV/16 Hz gestartet. 1911 hat der elektrische Betrieb mit 10 kV/15 Hz auf der preußischen Versuchsstrecke Dessau – Bitterfeld begonnen und 1913 sind Eröffnungen mit 15 kV/15 Hz auf der badischen Wiesen- und Wehratalbahn sowie auf der bayerischen Mittenwaldbahn gefolgt.

Am einfachsten wäre es gewesen, Wechselstrom der Landesfrequenz von 50 Hz zu verwenden, doch stört bei Großmotoren die transformatorische Funkenspannung. Der Anker (Rotor) eines Bahnmotors besitzt eine Vielzahl von Wicklungen, deren Enden an Lamellen des Kollektors (Kommutator) angeschlossen sind. Über eine der Polzahl des Ständers (Feld) entsprechende Anzahl von Bürsten wird Strom zugeführt, wobei eine Bürste mehrere Kollektorlamellen überdeckt. In den zugehörigen Ankerwicklungen induziert das magnetische Wechselfeld des Ständers die erwähnte transformatorische Funkenspannung. Diese lässt sich zwar durch Wendepole reduzieren, aber beim damaligen Stand der Technik nicht weit genug. Da dieser Störeffekt sowohl der Ankerwindungszahl, der Feldstärke, als auch der Frequenz proportional ist, hat man als beste Problemlösung die Herabsetzung der Frequenz angesehen. Im Jahr 1912 haben die Preußisch-Hessischen, die Bayerischen und die Badischen Staatseisenbahnen das „Übereinkommen betreffend die Ausführung elektrischer Zugförderung" getroffen, dem sich auch Österreich und die Schweiz sowie später noch Norwegen und Schweden angeschlossen haben. Dieses Abkommen beinhaltet vor allem die Verwendung von Einphasenwechselstrom mit 16 $^{2}/_{3}$ Hz (= 50/3) bei einer Fahrdrahtspannung von 15.000 V. Diese Vereinbarung hat die Fernbahnelektrifizierung bis zum heutigen Tag beeinflusst. Bereits elektrifizierte Strecken sind der einheitlichen Norm angepasst worden, Murnau – Oberammergau allerdings erst 1955. Auf erst später elektrisch betriebenen Strecken wie ab 1914 Niedersalzbrunn – Halbstadt in Schlesien und Freilassing – Berchtesgaden in Bayern ist das Einheitssystem sofort angewendet worden.

Die Entwicklung der Steuerung

Im elektrischen Teil der Lokomotiven war man bemüht, eine möglichst feinstufige Regelung der Motorspannung mit geringstem Aufwand zu erreichen. Einerseits wollte man mit wenigen Trafo-Anzapfungen auskommen, andererseits sollte die Zahl der Schaltelemente und Zusatzbauteile wie Drosseln etc. nicht überhand nehmen. Hier haben die Ingenieure ein reiches Betätigungsfeld gefunden, bis die Reichsbahn das Nockenschaltwerk mit über Feinregler beaufschlagtem Zusatztrafo als Einheitsausführung festgelegt hat. Diese feinstufige und unterbrechungslose Spannungsregulierung war allerdings relativ aufwendig.

Erst in jüngster Zeit ermöglichen leistungsfähige steuerbare Halbleiter-Bauelemente den Einsatz des leichten und wartungsarmen Drehstrommotors im Bahnbetrieb, indem auf der Lokomotive aus Einphasenwechselstrom erst Gleichstrom und daraus Drehstrom variabler Frequenz und Spannung erzeugt wird. Als Baureihe 120 sind 1979 die ersten DB-Probeloks dieser Bauart zum Einsatz gekommen. Damit war endlich für Schnellzüge und schwere Güterzüge eine Universallok geschaffen, die ironischerweise ausgerechnet zu dem Zeitpunkt Serienreife erlangte, als die aus der Bundesbahn abgespaltenen Unternehmenszweige preiswerte Spezialloks bevorzugten.

Entwicklung der Motoren

Die Bauart der Motoren, welche den mechanischen Teil einer Ellok besonders beeinflusst, hat im Lauf der Zeit erhebliche Fortschritte gezeigt. Hohe Leistung konnte man anfangs nur in einem sehr großen Motor installieren, wofür Maschinen der Baureihen E 50 (preuß. EP 236–246) und E 06 mit einem Motordurchmesser von mehr als 3 m Beispiele sind. Diese mit der Drehzahl der Treibräder rotierenden Motoren haben ihre Leistung von der hochgelagerten Ankerwelle mittels schräger Treibstangen und Blindwellen auf die Treibachsen übertragen. Somit hat der von Dampfloks her bekannte Stangenantrieb Eingang in den Ellokbau gefunden. Das Mittelteil des Rahmens von E 50 42 mit dem riesigen Motor und Kurbelgetriebe ist im Verkehrsmuseum Dresden ausgestellt.

Nachdem die Industrie kleinere Motoren bauen konnte war es möglich, die Ankerwellen tiefer zu legen. Wegen der höheren Drehzahl dieser Motoren war ein Getriebe erforderlich. Vorerst hat man am Stangenantrieb festgehalten, zumal die Kupplung der Treibachsen den Vorteil hat, dass Achslastveränderungen beim Anfahren nicht zum Schleudern der entlasteten Achsen führen. Hochgelagerte Gestellmotoren mit Vorgelege sind beispielsweise in Loks der Baureihen E 32 und E 52 eingebaut worden, deren unter etwa 45° geneigte Treibstangen die Anordnung zusätzlicher Blindwellen bedingt haben. Bei tieferer Lagerung der Motoren sind die Kuppelstangen von der Vorgelegewelle aus entweder direkt wie bei E 71 angetrieben worden oder über den „Schrägstangenantrieb der Bauart Winterthur" mit langen schwach geneigten Treibstangen wie bei E 91, E 60, E 63, E 77 und E 75.

Der Einzelachsantrieb

Um das Stangentriebwerk abzulösen, hat die Entwicklung zum einfacheren Einzelachsantrieb geführt, wofür sich der 1886 von Sprague entwickelte Tatzlagermotor eignet. Besonders bei Triebwagen und kleinen Lokomotiven wie E 69 und E 73 hat sich diese Bauweise bereits um die Jahrhundertwende bewährt. Ein Tatzlagermotor stützt sich schubkarrenartig mit etwa seinem halben Gewicht mittels einer „Tatze" auf zwischen den Rädern angeordnete Lager der Treibachse ab und auf der Gegenseite auf eine federnde Abstützung im Haupt- bzw. Drehgestellrahmen des Fahrzeugs. Da somit rund die halbe Masse des Motors ungefedert ist, wirken sich Stöße bei der Fahrt erheblich aus. Da Kräfte zwischen Treibachse und Gleis im Quadrat mit der Geschwindigkeit anwachsen ist diese Bauart auf leichte Motoren bzw. Triebfahrzeuge mit geringer Höchstgeschwindigkeit beschränkt geblieben. Erst moderne leichte Drehstrom-Asynchron-Motoren haben Tatzlager-Antriebe für 140 km/h beispielsweise in den Elloks der Baureihen 145 und 185 ermöglicht. Bei Altbau-Schnellzug-Elloks haben sich im Hauptrahmen der Lok eingebaute Gestellmotoren mit Höhen- Seiten- und Winkel-Differenzen ausgleichender Übertragung durchgesetzt. Dabei haben sich vor allem der vom Schweizer Ingenieur Jakob Buchli stammende Gelenkhebelantrieb und der von Walter Kleinow aus dem Westinghouse-Antrieb entwickelte AEG-Federtopf-Antrieb bewährt.

Beim Buchli-Antrieb wird ein im Innenrahmen gelagerter Treibradsatz einseitig vom daneben auf der Außenseite der Lok fliegend gelagerten Großrad angetrieben. Das Drehmoment wird über Ausgleichshebel und zwei kurze parallele Kupplungsstangen von zwei im Großrad um 90° versetzt angeordneten Zapfen auf zwei vom Treibrad ausgehende um 90° versetzte Treibzapfen übertragen. Auf den Zapfen im Großrad sind quer zu den Stangen einander gegenüberliegend zweiarmige Ausgleichshebel gelagert, die am äußeren Ende gelenkig mit einer Kupplungsstange verbunden sind und am inneren Ende ineinander kämmende Zahnsegmente aufweisen. Da je nach Drehrichtung stets eine Kupplungsstange auf Zug, die andere auf Druck beansprucht ist, gleichen sich deren Kräfte aus. Hö-

Großrad einer E 16: Oben auf den mit X markierten Zapfen sind die zweiarmigen Ausgleichshebel gelagert. Daran hängt vorne eine der Kupplungsstangen herab, die nach der Montage am anderen Ende einen durch den Zahnradkörper ragenden Treibzapfen des Treibrads aufnimmt.

E 17 116 am 2. März 1958 im Bw Heidelberg: Ursprünglicher Federtopf-Antrieb und zangenförmiger Bügel des modifizierten AEG-Krauss-Helmholtz-Gestells.

henunterschiede während einer Umdrehung werden in vertikaler Position der Kupplungsstangen durch Schwenken der zweiarmigen Ausgleichshebel bzw. in horizontaler Position ebenso wie bei Querbewegungen durch parallele Schrägstellung der Kupplungsstangen ausgeglichen und in allen Zwischenpositionen durch Kombination beider Möglichkeiten.

Beim AEG-Federtopf-Antrieb der E 21.0, E 17, E 04, E 18 und E 19 ist die im Außenrahmen federnd gelagerte Achswelle eines Treibradsatzes zwischen den Rädern von einer im Motorgehäuse gelagerten Hohlwelle mit allseitigem Spiel umgeben. An beiden Enden der Hohlwelle sind je sechs zwischen die Radspeichen ragende Ausleger mit je einer tangentialen Aufnahme für eine das Drehmoment übertragende Feder angeordnet. Jeder Ausleger weist in einem zweiteiligen Gehäuse an seinen Enden je einen ein Ende der Arbeitsfeder einbettenden Federtopf auf. Dieser kann nach innen gleiten aber nicht nach außen. Zur Drehmoment-Übertragung legen sich die Böden der in Drehrichtung vorderen Töpfe an auswechselbare Druckstücke der Radspeichen an. Ebenso wie Querverschiebungen werden in horizontaler Position der Federgehäuse Höhenunterschiede durch Gleiten ausgeglichen, in vertikaler Position durch Ein- bzw. Ausfedern der Töpfe. Für die einwandfreie Funktion ist gute Pflege mit häufigem Schmieren aller Gleitflächen erforderlich. Ständiger Ölverlust ist teuer und verschmutzt Lokomotive und Umwelt. Daher sind bei der Bundesbahn ab 1971 Federn und Federtöpfe an E 18 und E 19 durch parabelförmige Gummipuffer ersetzt worden, die keiner besonderen Pflege mehr bedurften.

Die Entwicklung des Netzes

Wie bereits erwähnt, waren durch das Übereinkommen von 1912 gleiche Frequenz und Fahrdrahtspannung von den deutschen Länderbahnen einheitlich festgelegt. Preußen hat zwei elektrische Netze betrieben, nämlich ausgehend von der 1911 elektrifizierten Strecke Dessau – Bitterfeld das mitteldeutsche

E 18 35 am 18. März 1984 abgestellt im Bw Schweinfurt: Gummipuffer, außerdem Fettpresse der Spurkranzschmierung und deren Kurbel-Antrieb. Der Achslagerdeckel erinnert an die 1938 von der Knorr-Bremse GmbH übernommene Firma Peyinghaus in Volmarstein.

Netz und das 1914 begonnene schlesische Netz. Nach Eröffnung des elektrischen Betriebs auf der österreichischen Karwendelbahn von Innsbruck bis Mittenwald sind die ersten bayerischen Elloks ab 1913 auf der Mittenwaldbahn nach Garmisch-Partenkirchen gefahren. Kurzzeitig waren von April bis August 1914 auf der Strecke Salzburg – Freilassing – Berchtesgaden Elloks probeweise unterwegs, intensiver Versuchsbetrieb hat aber erst im April 1916 begonnen. In Baden hat man seit 1913 die Wiesen- und Wehratalbahn elektrisch betrieben. Zu einer Ausweitung dieser Inselbereiche ist es erst nach Gründung der Deutschen Reichsbahn-Gesellschaft am 1. April 1920 gekommen. Für das süddeutsche Netz war die Gruppenverwaltung Bayern zuständig, die ihr eigenes Zentral-Maschinenamt mit eigenen Sachzuständigkeiten behalten hat. Alle anderen Aktivitäten sind zentral von Berlin aus wahrgenommen worden. Die Aufgabenverteilung auf zwei Zentralämter hat sich später in München und Berlin bzw. Minden fortgesetzt.

Der Weg zur Einheits-Ellok

Im Mai 1922 hat Dr.-Ing. e.h. Wilhelm Wechmann in einem Vortrag einen Typenplan zur einheitlichen Beschaffung von Elloks vorgestellt. Dabei waren unter Berücksichtigung bereits eingeleiteter Bestellungen sechs Typen mit einheitlichen Stromabnehmern, Hauptschaltern, Druckluftausrüstung sowie zahlreichen Kleinteilen vorgesehen und nur vier Motortypen.

Wechmann selbst hat den Plan in der Zeitschrift des VDI vom 18.11.1922 veröffentlicht (Stückzahl und spätere Baureihe vom Verfasser ergänzt):

	gewählte Achsanordnung	*Stückzahl*	*spätere Baureihe*
1. Flachland-Güterzuglok	1B+B1	37	E 77
2. Gebirgs-Güterzuglok	C+C	30	E 91
3. leichte Personenzuglok	1C1	19	E 32
4. Gebirgs-Personenzuglok	2B+B1	35	E 52
5. Flachland-Schnellzuglok	2C2	5	E 06
6. Gebirgs-Schnellzuglok	1AAAA1	10	E 16

Außerdem waren für den Dienst auf der 40-‰-Steigung zwischen Bad Reichenhall und Berchtesgaden noch zwei 1'D1'-Loks vorgesehen, die als 2'D1' (E 79) realisiert worden sind. Während die Schnellzugloks mit E 06 an preußische bzw. mit E 16 an bayerische Tradition angeknüpft haben, und Personenzugloks nur für Bayern beschafft wurden, sind E 77 und E 91 in beiden Ländern zum Einsatz gekommen. Die ersten Maschinen des Wechmann-Plans sind noch mit alter Länderbahn-Bezeichnung geliefert worden, später waren sie dem 1926 festgelegten Nummernplan der Reichsbahn entsprechend beschildert. Im Jahr 1924 sind 35 Loks nachbestellt worden, nämlich zwei E 06, zehn E 32, neunzehn E 77 und vier E 91. Für leichte Güterzüge und Verschub sind 1927 zwei 1'C-Lokomotiven als E 60 nachgefolgt und in überarbeiteter Konstruktion fünf E 06.1 und sieben E 16. Weitere fünf E 60 sind 1928 unter den Fahrdraht gekommen und zwölf E 91.9 im Jahr 1929. Drei Jahre später sind noch fünf E 60 und in verstärkter Ausführung vier E 16.1 dazu gekommen sowie 1934 die beiden letzten E 60. Damit waren 215 Lokomotiven beschafft, die aufgrund ihrer weitgehenden Vereinheitlichung erheblich zur Rationalisierung im Werkstättenwesen beigetragen haben.

1926 hatte die Reichsbahn eine neue Baureihen-Bezeichnung eingeführt, bei der Höchstgeschwindigkeit (v_{max}) und Achsfolge für die Zuordnung maßgebend waren:

- E 01 ... E 29 Schnellzugloks mit $v_{max} > 90$ km/h
- E 30 ... E 59 Personenzugloks mit 70 km/h $< v_{max} <$ 90 km/h
- E 60 ... E 98 Güterzugloks mit $v_{max} < 70$ km/h

Später ist die Einordnung mehr dem Verwendungszweck entsprechend erfolgt, wie beispielsweise E 94, deren letzte Nachbauten 100 km/h schnell waren.

Im Nummernplan sind einige Ausnahmen und Merkwürdigkeiten enthalten. Einerseits hat es bei gleicher Bauart je nach Stationierung in Bayern oder in Mitteldeutschland und Schlesien unterschiedliche Betriebsnummern gegeben: Innerhalb ihrer Baureihen waren die Loks E 17 01–14 mit E 17 101–124 bzw. E 75 01–12 mit E 75 51–69 jeweils baugleich, dagegen haben die bayerischen E 77 01–31 ebenso wie E 91 01–20 Stirnwandübergänge besessen, die preußischen Geschwister E 77 51–75 bzw. E 91 81–94 aber eine Stirnfront ohne Türe mit nur zwei Fenstern. Außerdem hat es von der Nummerierung abweichende Baureihen-Bezeichnungen gegeben: Während E 16 01–17 der Baureihe E 16.0 zugeordnet waren, sind die vier 1932 nachgelieferten leistungsfähigeren E 16 18–21 als E 16.1 bezeichnet worden ohne eine mit 100 beginnende Ordnungsnummer aufzuweisen. Dadurch ist die ursprüngliche E 16.1, die seit 1928 vorhandene E 16 101, in die Baureihe E 16.5 abgedrängt worden. Auch verwundert es, dass E 91 94 noch zur Reihe E 91.8 gehört, die Lok mit der nächstfolgenden Nummer E 91 95 aber zur technisch und äußerlich deutlich davon abweichenden Reihe E 91.9. Nicht immer ist aber für unterschiedliche technische Ausführungen eine eigene Baureihen Bezeichnung vergeben worden, wie E 44 502–505 einerseits und die neu konstruierten längeren und wesentlich leistungsfähigeren Nachfolger E 44 506–509 zeigen.

Stationierung ursprünglich in

Bayern	Mitteldeutschl./ Schlesien	Baureihe
E 16 01–17		E 16.0
E 16 18–21		E 16.1
	E 16 101	E 16.5
E 17 01–14	E 17 101–124	E 17
E 75 01–12	E 75 51–69	E 75
E 77 01–31	E 77 51–75	E 77
E 91 01–20		E 91.0
	E 91 81–94	E 91.8
	E 91 95–102	E 91.9

Nachfolgend abgebildete Altbau-Elektroloks im Überblick

1. Lieferjahr	S	P	G		Seite	
1906			E 69			56
1914		E 36.0	E 71, E 73.0		60	79, 78
1924		E 32, E 52	E 77		61, 68	80
1925			E 91.0/.8			108, 111
1926	E 16.0			15		
1927	E 21.0 (V)		E 60, E 95	22		117, 126
1928	E 16.5 (V), E 17		E 75	23, 24		82
1929			E 91.9			114
1930		E 44 (V)	E 80 (V)		92	140
1932	E 04, E 16.1			30, 14		
1933		E 44.0, E 44.5	E 93		94, 84	127
1935	E 18		E 63	34		122
1936		E 244 (V)			146	
1938	E 19.0/.1 (V)			50		
1940			E 94			131

In der Übersicht rechts sind die in diesem Buch abgebildeten Altbau-Elloks mit der Bezeichnung nach dem Schema von 1926 in chronologischer Reihenfolge nach dem ersten Jahr der Lieferung aufgelistet und entsprechend ihrem ursprünglich vorgesehenen Hauptverwendungszweck eingruppiert. Der Zusatz „(V)“ bedeutet Versuchs- bzw. Vorauslok. Beim Vergleich mit anderen Literaturangaben sind Unterschiede zwischen Baujahr, Lieferjahr und Indienststellungsjahr zu beachten, denn dazwischen liegen oft Wochen bis Monate.

Die chronologische Tabelle zeigt deutlich die technische Entwicklung vom Stangentriebwerk zum Einzelachsantrieb: Zur ersten Entwicklungsstufe bis 1927 gehören alle Elloks mit Stangenantrieb, auch die erst später beschafften E 60 und E 63. In den zwanziger Jahren hat die Reichsbahn eine ausgesprochene Experimentierfreudigkeit gezeigt und mehrere Probe- bzw. Versuchsloks mit verschiedenen Arten von Einzelachsantrieben bestellt. Das waren insbesondere E 21.0 von AEG, E 21.5 von Bergmann/LHW und von SSW E 15, E 16.5 sowie später noch E 05 und E 05.1. In der zweiten Entwicklungsstufe von 1926 bis 1939 sind vor allem Schnellzugloks mit Laufachsen und Einzelachsantrieb durch im Hauptrahmen gelagerte Gestellmotoren zu finden (E 16, E 17, E 04, E 16.1, E 18, E 19). Die bereits 1923 mit E 92.7 und mit E 95 von 1927 eingeleitete dritte Entwicklungsstufe von 1931 bis 1945 ist durch laufachslose Fahrzeuge mit Tatzlagermotoren im Drehgestell gekennzeichnet, insbesondere E 44.5, E 44.0, E 93 und E 94.

Mit diesen endet zeitlich die Entwicklung der Altbau-Elloks und damit der Rahmen dieses Buches, auch wenn einige Nachbauten der Reihen E 18, E 44 und E 94 sogar noch bis 1956 auf die Schienen gekommen sind. Die weitere Entwicklung bei der Deutschen Bundesbahn bis zu den Drehstromloks der Baureihe 120.1 ist im Band 6 der „Farbbild-Raritäten“ beschrieben.

Elektrische Schnellzug-Lokomotiven

Bereits 1911 hat die KPEV drei 2'B1'-Maschinen ES 1–3 erhalten. Nach zwei 1913 beschafften 1'C1'-Loks ES 5 und 6 sind ab 1914 mit ES 9–19 elf Fahrzeuge auf die Schienen gekommen, die als E 01 09–19 von der DR übernommen worden sind. Nachdem man ab 1917 gute Erfahrungen mit der großmotorigen 2'D1'-Personenzuglok EP 235 gesammelt hatte, sind 1919 fünf im Aufbau ähnliche 2'C2'-Schnellzugloks bestellt und noch zwei weitere nachbestellt worden. Charakteristisch war ein Zentralmotor mit 2,80 m Ankerdurchmesser, der sein Drehmoment über ein Doppel-Parallel-Kurbelgetriebe auf zwei Blindwellen und von dort über Kuppelstangen auf die drei Treibachsen mit 1600 mm Raddurchmesser abgegeben hat. Während die erste Lok noch einen kohlegefeuerten Dampfkessel für die Zugheizung erhalten hatte, ist dieser später entfallen, weil man Reisezügen im Winter besondere Heizkesselwagen beigestellt hat. Die ab 1925 in Dienst gestellten ES 51–57, später als E 06 01–07 bezeichnet, haben sich so gut bewährt, dass man fünf weitere in überarbeiteter Konstruktion bestellt hat, die 1927 als E 06 08–12 geliefert worden sind. Diese letzten Stangen-Schnellzugloks haben wie die gleichzeitig gelieferte E 75 bereits eine seitlich abgeschrägte Stirnfront mit drei Stirnfenstern und vorgezogenem Dach erhalten. Diese später auch an E 05, E 44.5, E 44 und E 93 anzutreffende äußere Form verrät die Handschrift des Berliner Dezernenten Hans Tetzlaff.

In Süddeutschland hatte man sich unter Otto Michel für den Einzelachsantrieb bei Schnellzugloks entschieden und den in der Schweiz an Ae 3/6-Lokomotiven der SBB bewährten Buchli-Antrieb favorisiert. Die ersten zehn der später als E 16 bezeichneten 1'Do1'-Maschinen sind 1924 bestellt und mit mechanischem Teil von Krauss und elektrischem Teil von BBC 1926/1927 ausgeliefert worden.

Bei der Reichsbahn hat man sofort die Vorteile des Einzelachsantriebes erkannt. Um die günstigste Serienausführung zu ermitteln, sind zum Vergleich mit dem Buchli-Antrieb noch 1925 drei Schnellzug-Probeloks für 110 km/h Höchstgeschwindigkeit mit 20 t Achsdruck, vier Treibachsen und verschiedenen Arten von Einzelachsantrieben bestellt worden. Das waren von AEG eine 2'Do1' (E 21 01) mit Westinghouse-Antrieb, von den Linke-Hofmann-Werken (LHW) und den Bergmann-Elektrizitätswerken (BEW) eine 2'Do1' (E 21 51) mit Gelenkhebel-Antrieb sowie von SSW eine (1'Bo)(Bo1')-Drehgestell-Lok mit Tatzlagerantrieb (geliefert als E 18 01, später umgezeichnet in E 15 01). Während des Baus ist bei AEG noch eine zweite verbesserte E 21.0 nachbestellt worden und außerdem noch bei SSW als Pendant zur E 18 01 wegen deren starken Schlingerbewegungen in der Geraden eine 1928 gelieferte einrahmige 1'Do1' (E 16 101) mit durch Knüppelfedern schwach abgefederten Tatzlagermotoren.

Bei der von LHW und BEW gelieferten E 21 51 waren im Maschinenraum für jede Treibachse zwei Gestellmotoren einander gegenüber liegend angeordnet. Über anfangs zwischen Motorwelle und Ritzel angeordnete Gelenkkupplungen ist die Leistung auf ein in Längsmitte der Lok eingebautes Getriebe zur darunter liegenden Treibachse übertragen worden. Diese 1927 mit einer Stundenleistung von 4664 kW leistungsfähigste der Probeloks konnte wegen Problemen mit den Antriebsgelenken nicht überzeugen. Ein Umbau des Antriebs mit Anordnung der Gelenke zwischen Großrad und Treibachse war zwar erfolgreich, ist aber zu spät gekommen.

Auch die beiden Probeloks von SSW haben wegen ihrer unbefriedigenden Laufeigenschaften keine Nachfolger bekommen.

Inzwischen hatten sich die beiden 1926/28 von AEG gelieferten 2'Do1'-Maschinen E 21 01 und E 21 02 sehr bewährt. Diese erstmals mit einem Gitterrahmen ausgerüsteten Loks hatten den AEG-Kleinow-Federtopfantrieb erhalten. Je ein Doppelmotor hat eine der mit 1750 mm großen Rädern versehenen Treibachsen angetrieben. Nach anfänglich heißgelaufenen Achslagern sind versuchsweise an der dritten Treibachse von E 21 01 erstmals Achslager mit Peyinghaus-Schleuderschmierung eingesetzt worden. Diese auch als Isothermos-Lager bekannte Ausführung hat E 21 02 an allen vier Treibachsen erhalten. Außerdem war bei dieser Lokomotive die hintere Treibachse mit der Laufachse ähnlich wie in einem Krauss-Helmholtz-Gestell zusammengefasst, so dass auch bei Rückwärtsfahrt eine drehgestellartige Führung im Gleis erfolgen konnte. Wegen der die Treibachse umgebenden Hohlwelle war die Anlenkung der Deichsel in Treibachsmitte nicht möglich. Daher war ein die Treibräder umgreifender Bügel vorgesehen, der auf außen aus den Achslagern herausragenden Enden der Treibachse gelagert war, so dass dieser Bügel die Seitenbewegung der Treibachse zum Anlenkpunkt der Laufachs-Deichsel in Achsmitte übertragen hat.

Mit E 21.0 war man so zufrieden, dass Federtopfantrieb, Peyinghaus-Achslager und modifiziertes Krauss-Helmholtz-Gestell zur Regelausführung für alle nachfolgenden Schnellzugloks der DR geworden sind, von E 17 über E 04 und E 18 bis zu E 19.0 und E 19.1.

Noch im Sommer 1927 sind bei AEG 33 weitere Loks in Auftrag gegeben worden. Dabei hat man die Konstruktion der E 21 gründlich überarbeitetet und konnte rund 10 t einsparen, so dass die Achsfolge 1'Do1' mit 1600 mm Treibrad-Durchmesser für die als E 17 gelieferte Baureihe mit 110 km/h Höchstgeschwindigkeit möglich war. Vordere und hintere Laufachse waren jeweils mit der benachbarten Treibachse in einem modifizierten Krauss-Helmholtz-Gestell zusammengefasst. Mit vier Doppelmotoren und einer Stundenleistung von 2.800 kW haben sich E 17 in Bayern, in Mitteldeutschland und in Schlesien bestens bewährt. Nachdem von E 17 insgesamt 38 Loks ausgeliefert waren, ist 1933 für die neu elektrifizierte Strecke von Augsburg nach Stuttgart weiterer Bedarf an kräftigen Schnellzugloks mit vier Treibachsen entstanden, insbesondere wegen der Geislinger Steige.

Eine kritische Bestandsaufnahme hatte ergeben, dass für Personen- und Schnellzüge auf den Strecken in Mitteldeutschland eigentlich Lokomotiven mit drei Treibachsen ausreichen. Dies hat ab 1933 zur Beschaffung von 1'Co1'-Loks der Baureihe E 04 mit einer Höchstgeschwindigkeit von 110 km/h von der AEG geführt. Fahrwerk und Äußeres haben an E 17 erinnert, während im elektrischen Teil anstelle der Doppelmotoren nur noch drei einzelne Gestellmotoren für eine Stundenleistung von 2190 kW nötig waren. So konnten im Tausch gegen neue E 04 zehn E 17 nach Süddeutschland versetzt werden. Bei einer Versuchsfahrt von München nach Stuttgart hat E 04 09 am 28. Juni 1933 vor dem sechsachsigen Messwagen B, einem Pack- und fünf Schnellzugwagen eine Höchstgeschwindigkeit von 151,5 km/h erreicht. Die positiven Erfahrungen haben zur Nachbestellung von weiteren 13 Loks und zur Heraufsetzung der Höchstgeschwindigkeit auf 130 km/h bei E 04 09–23 geführt.

Parallel zur E 04 der AEG hat SSW 1933 drei 1'Co1'-Maschinen der Reihe E 05 mit Tatzlagerantrieb geliefert. Während E 05 01 und 02 Laufachsen in einachsigen Deichselgestellen mit ideellem Drehpunkt erhalten haben, ist an E 05 103 ein neuartiges Henschel-Lenkgestell erprobt worden, das mittels äußerer Lenkhebel die Funktion eines Krauss-Helmholtz-Gestells erfüllt hat. Die Laufeigenschaften haben aber hinter E 04 zurückgestanden. Damit waren die Versuche zur Verwendung von Tatzlagermotoren in schnellfahrenden Reichsbahn-Elloks endgültig abgeschlossen. Erst ab 1956 konnte der durch Gummiring-Segmente gefederte Tatzlagerantrieb seinen Siegeszug in den Neubau-Elloks der Bundesbahn antreten.

Als durch Neuelektrifizierung wieder Bedarf an schweren Schnellzugloks für höhere Geschwindigkeiten entstanden war, hat AEG den Auftrag zur E 18 bekommen, die erstmals einen geschweißten Rahmen und eine windschnittige Form erhalten hat. Der viermotorigen 1'Do1'-Maschine für 150 km/h haben E 17 und E 04 Pate gestanden. Zur Verbesserung der Führung in der Geraden ist die Rückstellkraft des jeweils nachlaufenden Lenkgestells über ein Gestänge pneumatisch erhöht worden. Das Nockenschaltwerk mit Feinregler war motorisch angetrieben, und die Bremskraft ist mittels Fliehkraftregler bei Geschwindigkeiten von mehr als 70 km/h erhöht worden. Die letzten Exemplare dieser erfolgreichen Baureihe waren bei der DB noch bis 1984 im Einsatz.

Als die Elektrifizierung von Nürnberg über Saalfeld bis Leipzig geplant war, ist aus der E 18 die Baureihe E 19 entwickelt worden, von der in zwei Varianten je zwei Exemplare 1938/39 von AEG als viermotorige E 19.0 und 1940 als achtmotorige E 19.1 von SSW/Henschel geliefert worden sind. Die Lokomotiven sollten in der Lage sein 700 t-Schnellzüge in der Ebene mit 180 km/h und 360 t-Züge ohne Schublok auf den 25 ‰-Rampen des Frankenwaldes mit 60 km/h zu befördern. Die Höchstgeschwindigkeit war mit 180 km/h festgesetzt, sollte aber für Versuche auf 225 km/h erhöht werden können. Beide Bauarten waren mit fremderregter Gleichstrom-Widerstandsbremse ausgerüstet, um aus 180 km/h heraus einen Bremsweg von 900 m einzuhalten. Alle vier E 19 sind nie zum vorgesehenen Einsatz gekommen, zumal das Streckennetz nach dem Krieg keine Schnellfahrten zugelassen hat. Als man sich Anfang der fünfziger Jahre wieder mit Neubauten von Schnellzugloks befassen konnte, war der Weg zur laufachslosen Drehgestell-Lok bereits vorgezeichnet, auch wenn noch 1953 die beiden E 18 054 und 055 aus bereits vor Kriegsende angearbeiteten Teilen an die DB ausgeliefert worden sind.

Die ersten zehn Schnellzug-Elloks mit Buchli-Einzelachs-Antrieb sind ab 1926 mit mechanischem Teil von Krauss und elektrischem Teil von BBC an die Gruppenverwaltung Bayern der Deutschen Reichsbahn-Gesellschaft geliefert worden. Aufgrund ihrer Bewährung ist bereits 1927 eine Serie von sieben Loks nachbestellt worden. Zu Bundesbahn-Zeiten sind die Maschinen der Baureihen E 16 und E 16.1 in ihren Heimat-Betriebswerken Freilassing und Rosenheim stets vorbildlich gepflegt worden. Daher haben die blanken kupfernen Ölleitungen der Antriebe prächtig in der Sonne geglänzt, als E 16 16 am 20. Juli 1958 ihre Mittagspause im Bw München Hbf verbracht hat. Am vorne abgebildeten Stromabnehmer 2 sind deutlich zwei dicht nebeneinander liegende von Dr. Kasperowski erfundene Mehrstoff-Schleifstücke zu erkennen, die den Betrieb mit nur einem der alten Stromabnehmer ermöglicht haben.

Mit dem Personenzug 1810 ist E 16 09 am 5. August 1959 in den Holzkirchner Flügel des Münchner Hauptbahnhofs eingefahren. Damals hat noch die charakteristische Signalbrücke mit ihren Ausfahr- und Wartesignalen gestanden. Formsignale und lokale Stellwerke wie das am rechten Bildrand sind mit Inbetriebnahme des Zentralstellwerks an der Hackerbrücke im Oktober 1964 von neuer Technik abgelöst worden. Im Hintergrund ist inzwischen auf dem Gelände der Hacker-Brauerei ein Neubau des Europäischen Patentamts entstanden, aus dem der Verfasser als European Patent Attorney gerne den Blick auf den Hauptbahnhof wahrnimmt.

Am Spätnachmittag des 13. Juli 1958 ist E 16 12 an Axdorf vorbei nach Salzburg gesummt. Immer wieder interessant ist aus heutiger Sicht die Wagenreihung der damaligen Züge. Hier lässt sich an der Zugspitze des etliche Altbau-Wagen aufweisenden D 13 sogar noch ein Exemplar aus dem 1951 eingeführten „blauen F-Zugnetz" erkennen. Auf der Wiese liegen Holzstangen mit Querstäben als Stützen für heute selten gewordene Heumanderl zum Trocknen von Gras bereit, wie sie auf dem rechten Bild in Aktion zu sehen sind.

E 16 10 aus der ersten Lieferserie hat am 7. August 1959 einen Gleisbauzug an Haslach vorbei in Richtung Rosenheim befördert und in der tiefstehenden Abendsonne die sauberen Gehäuse ihrer Buchli-Antriebe gezeigt. Die Schwestermaschine E 16 07 ist in teilweise aufgeschnittener Ausführung in das Deutsche Museum in München gekommen und heute in der Lokwelt Freilassing zu besichtigen. Außerdem ist E 16 03 im DB-Museum Koblenz-Lützel ausgestellt, E 16 08 in Darmstadt-Kranichstein und E 16 09 im Bahnpark Augsburg.

Ein über Jahre hinweg gewohntes Bild haben E 16 auf den Gleisen 10 und 11 für vom Holzkirchner Bahnhof in die Haupthalle des Münchner Hauptbahnhofs wandernde Reisende geboten. Auf der Aufnahme vom ersten Weihnachtstag 1957 erinnert der Hinweis auf Gepäckraum und Auskunftsbüro an die U.S. Army. Für ihre bayerischen Strecken hat die DR 1930 vier E 16.1 in verstärkter Ausführung nachbestellt, die als E 16 18–21 in den Jahren 1932/33 geliefert worden sind. Um einen größeren Transformator unterzubringen, war das Dach etwas höher als bei den 17 Vorgänger-Loks angebracht. Am Abstand oberhalb der Stirnfenster lässt sich die unterschiedliche Ausführung deutlich erkennen.

Südlich von München waren 1958 nicht nur Schnellzüge fest in der Hand von E 16, sondern auch Eilzüge wie der hier gezeigte E 531 mit E 16 19 an der Spitze. Auf der Fahrt in Richtung Traunstein hat der Zug am späten Vormittag des 13. Juli die im Ortsteil Bernhaupten liegende Station von Bergen in Oberbayern durchfahren und die lange Linkskurve im Einschnitt vor der großen Autobahnbrücke erreicht.

E 16 18, ebenfalls eine der vier verstärkten Loks der Nachbauserie E 16.1, hatte am 7. August 1959 in Salzburg den Fernschnellzug F 153 „Tauern-Express" für die Fahrt nach München übernommen. Die Lok zeigt auf dieser bei Haslach in Oberbayern entstandenen Aufnahme ihre frei liegenden Treibräder auf der rechten Seite. In der Landwirtschaft war damals viel Handarbeit zu leisten, so zum Aufrichten von kleinen Haufen zum Trocknen von frisch gemähtem Gras, wie der fleißige Bauer neben dem ISG-Speisewagen erkennen lässt.

An diesem sonnigen Sommerabend ist kurz nach dem „Tauern-Express“ aus der Gegenrichtung E 16 21 mit P 1811 gekommen, der mit zwölf Wagen meist bayerischen Ursprungs eine beachtliche Länge aufgewiesen hat. Damals war man der Meinung, zur sicheren Stromabnahme müssten in alter Gewohnheit beide Stromabnehmer einer Ellok am Fahrdraht anliegen. Wie auch die vorhergehenden Bilder zeigen, ist damals ein vom Bw Freilassing ausgehender Großversuch durchgeführt worden, der gezeigt hat, dass zumindest bis maximal 110 km/h auch mit nur einem der alten Stromabnehmer gefahren werden kann, wenn er zwei dicht nebeneinander liegende Mehrstoff-Schleifstücke nach Dr. Kasperowski aufweist.

Richtungsweisend waren die beiden 1926 und 1928 von der AEG gelieferten Maschinen der Baureihe E 21.0. In den Treibrädern mit 1750 mm Durchmesser war erstmals der von Kleinow entwickelte Federtopf-Antrieb eingebaut. Versuchsweise war die dritte Treibachse von E 21 01 nachträglich mit Isothermos-Lagern mit Schleuderschmierung von Peyinghaus versehen worden und nach deren Bewährung alle Treibachsen der E 21 02. Weil der Lauf von E 21 01 bei Fahrt mit der Bisselachse voraus unbefriedigend war, ist für die später abgelieferte E 21 02 erstmals ein modifiziertes Krauss-Helmholtz-Gestell entwickelt worden. Wegen der die Treibachse umgebenden Hohlwelle ist die Seitenbewegung der letzten Treibachse von einem die Achslager auf der Außenseite umgreifenden Bügel zur Lokmitte übertragen worden. Diesen charakteristischen Bügel und Federtopfantrieb haben alle nachfolgenden Serien-Schnellzug-Elloks der DR erhalten. Mit Isothermos-Achslagern waren nicht nur alle später gelieferten Altbau-Elloks sondern auch V 188 ausgerüstet. In der freundlicherweise von Paul Gehrmann angefertigten Zeichnung sind die unterschiedlichen Ausführungen der beiden Versuchs-Loks deutlich dargestellt mit zweifenstrigen an E 91.8 erinnernden Stirnfronten an E 21 01 und drei Stirnfenstern wie E 91.9 bei der zweiten Lok.

E 16 101 ist Ende 1928 von Borsig und SSW als Versuchslok geliefert worden und sollte die Eignung von Tatzlager-Motoren für Schnellzug-Lokomotiven zeigen, was jedoch nicht gelungen ist. Nach Rückkehr vom gemeinsamem Zwangsaufenthalt in der UdSSR von 1946 bis 1952 zusammen mit fast allen Elloks der DR ist die Maschine mit der speziellen Baureihen-Bezeichnung E 16.5 im RAW Dessau wieder hergerichtet und am 8. September 1958 vor dem Gebäude der Hochschule für Verkehrswesen in Dresden als Studienobjekt aufgestellt worden. Bei der Aufnahme am 17. August 1966 hat die Lok noch einen relativ ordentlichen Eindruck gemacht, wenn auch die Aufschrift am vorderen Vorbau schon auf das Ende im Siemens-Martin-Ofen 1972 hingewiesen hat.

Nach den Erfolgen der beiden 2'Do1'-Maschinen der Reihe E 21.0 mit AEG-Kleinow-Federtopfantrieb hat die DR 1927 eine Serie von 33 Schnellzugloks mit vier Treibachsen in Auftrag gegeben und noch fünf weitere nachbestellt. Bei Überarbeitung der Konstruktion haben sich Gewichtseinsparungen ergeben, so dass die Baureihe E 17 mit der symmetrischen Achsfolge 1'Do1' entstanden ist. Mit je einem Doppelmotor pro Treibachse und modifizierten Krauss-Helmholtz-Gestellen an beiden Enden sind 18 leistungsfähige Maschinen als E 17.0 nach Süddeutschland geliefert worden und als E 17.1 zwölf nach Mitteldeutschland sowie acht nach Schlesien. Am 25. Juli 1958 war E 17 116 im Stuttgarter Hauptbahnhof anzutreffen.

Eine Reminiszenz an die Reiterstellwerke des Stuttgarter Hauptbahnhofs ruft diese Aufnahme vom 25. Juli 1958 sicherlich bei einigen Lesern wach. Auch ein derart bunt gemischter Wagenpark gehört schon lange der Vergangenheit an. Die unterschiedliche Nummerierung der E 17 ist nur auf Grund der anfänglichen Stationierung erfolgt, Bauartunterschiede hat es nicht gegeben. Wie aus der Betriebsnummer hervorgeht war E 17 116 anfangs in Schlesien beheimatet. Nach Umstationierung im Februar 1945 von Breslau nach Augsburg hat die Lok ihre alte Ordnungsnummer behalten.

Zwischen Stuttgart und Ulm waren E 17 häufig anzutreffen, denn nach Auslieferung von E 04 nach Mitteldeutschland waren bereits 1933 zwölf Exemplare von dort nach Württemberg gekommen. Hier strebt E 17 104 mit D 76 am Morgen des 21. Juli 1958 bei Ebersbach durch das Filstal nach Geislingen, um dort mit Unterstützung einer E 93 am Zugschluss die berühmte 22,5 ‰ steile Geislinger Steige zu erklimmen. Bis heute sind dort Schiebeloks hinter schweren Zügen im Einsatz. Wenn die geplante Neubau-Strecke Wendlingen – Ulm sogar mit 25 ‰ zur Alb aufsteigt, so dürften Güterzüge auch weiterhin die alte Trasse bevorzugen.

Auf Talfahrt in Richtung Stuttgart hatte E 17 111 am 24. Juli 1958 am Mühltalfelsen leichtes Spiel mit D 235, denn bergab waren hohe Leistungen nicht von den acht Motoren der Lok, sondern von den Bremsen des gesamten Zuges gefordert. Ursprünglich hatten E 17 nur Lüfterjalousien in Fensterhöhe. Durch Einbau von je sieben zusätzlichen Öffnungen in beiden Seitenwänden unterhalb der Fenster konnte die Strömungsgeschwindigkeit und damit die Staubbelastung im Maschinenraum herabgesetzt werden.

Die von Anfang an in Süddeutschland stationierte E 17 07 begegnet uns hier am 22. August 1959 mit D 383 auf der Fahrt nach Nürnberg nördlich von Treuchtlingen auf der Altmühlbrücke nahe am Dorf Graben. Die Fahrleitungsmasten tragen zusätzlich Speiseleitungen vom Unterwerk Grönhart nach Treuchtlingen. Mit dem Ziel „Elektrisch von Berlin bis Italien" ist der elektrische Betrieb auf der Strecke von Augsburg nach Nürnberg bereits am 10. Mai 1935 eröffnet worden. Bis Saalfeld war der Fahrdraht 1939 fertig, in Etappen ist Weißenfels bis 1941 erreicht worden und 1942 war in Leipzig der Zusammenschluss mit dem mitteldeutschen Netz möglich.

Südlich von Treuchtlingen führt die Strecke nach Augsburg durch einen Einschnitt mit an eine Festung erinnernden Stützmauern. Der „Kärnten-Express" D 90 mit italienischem Kurswagen für die 1. Klasse belebt dieses am 22. August 1959 entstandene Bild, das wohl auch als Anregung für Modellbauer dienen kann. Als 1933 zwölf E 17 nach Süddeutschland umstationiert worden sind, darunter auch die Zuglok E 17 102, blieben ihre alten Betriebsnummern unverändert. Dagegen sind die 1931–35 aus München gekommenen E 17 15–18 in Schlesien auf E 17 121–124 umgetauft worden. Wiederum haben acht kurz vor Ende des Zweiten Weltkriegs aus Schlesien abgezogene Loks ihre hohen Nummern in Bayern behalten.

Weil für Reisezüge in Mitteldeutschland Loks mit drei Treibachsen ausgereicht haben, ist dort ab 1933 die Reihe E 04 als Flachlandmaschine mit der Achsfolge 1'Co1' in Dienst gestellt worden, so dass im Tausch zwölf E 17 für die neu elektrifizierte Strecke Augsburg – Stuttgart nach Süddeutschland versetzt werden konnten. Diese haben der E 04 äußerlich und bezüglich des Federtopf-Antriebs Pate gestanden, während ein Einzelmotor an jeder Treibachse die gleiche Leistung erbracht hat wie ein E 17-Doppelmotor. Die Aufnahme vom 10. Juli 1958 zeigt E 04 22 im Bw München Hbf noch ohne Verschleißpufferbohlen.

Am 15. Mai 1958 hatte E 04 22 in Regensburg den „Saßnitz-Express“ F 130 auf dem letzten Abschnitt seiner Reise nach München übernommen. Der Wagenpark der Reichsbahn mit Pack-, Schürzen-, Sitz- und Speisewagen sowie einem Kurswagen aus Schweden hat im Bahnhof von Neufahrn bei der Durchfahrt kurz nach 17 Uhr kräftig Staub aufgewirbelt.

Die zwischen Traunstein und Rosenheim am bayerischen Einfahrsignal von Bergen/Obb. entstandene Aufnahme vom 19. Juli 1958 zeigt mit E 04 21 vor D 89 ein weiteres der sechs bei der DB eingesetzten Exemplare dieser entwicklungsgeschichtlich interessanten Baureihe. Bayerisches Formsignal und Wellblechbude für den Signalfernsprecher waren damals ganz selbstverständliche Attribute des sicheren Bahnbetriebs.

Bevor 1968 die Loks der Baureihe E 04 in Osnabrück stationiert worden sind, waren sie von München aus häufig über Rosenheim nach Salzburg bzw. Kufstein unterwegs. So hat E 04 19 am 5. August 1959 den Münchener Hauptbahnhof mit D 69 verlassen, dessen italienische Kurswagen damals noch ihre charakteristische hell- und dunkelbraune Farbgebung gezeigt gaben.

Als Nachfolgerin für E 17 ist ab 1935 mit einer von E 04 abgeleiteten elektrischen Ausrüstung die viermotorige E 18 entstanden. Mit windschnittigen Führerständen und 150 km/h Höchstgeschwindigkeit war sie bis zur Verdrängung durch E 10, 111 und 103 der Inbegriff einer schweren deutschen Schnellzug-Ellok. Im Münchner Hauptbahnhof hat E 18 02 am 25. Dezember 1958 am Querbahnsteig die Weiterfahrt des von ihr gebrachten Zugs abgewartet. Die erst einen Monat zuvor blau lackierte Lok mit ihren leicht vorstehenden großen Lampen war eine der ersten vier E 18, die noch schmale mittlere Frontfenster erhalten hatten. Auf dem Nebengleis war 78 176 im Rangierdienst mit der Zuggarnitur für F 55 „Blauer Enzian" eingetroffen.

Auch eine E 18 konnte nicht quer zum Gleis fahren. Daher ist E 18 16 am 10. Juli 1958 in ihrem Heimat Bw München Hbf auf die von MAN erbaute Portalschiebebühne gerollt. Im damaligen Bauzustand war auf dem im Bild hinteren Portal ein Scherenstromabnehmer montiert, der aus einer parallel zu den Bühnenschienen gespannten Leitung Fahrstrom für die Oberleitung der Bühne entnommen hat, so dass Elloks mit eigener Kraft auf- und abfahren konnten. Schwenkbare Joche an den Portalen haben hochgeklappt die Querbewegung der Bühne ermöglicht und abgesenkt nach dem Anhalten das Übergleiten der Lokomotiv-Stromabnehmer auf feststehende Kontaktschienen über den Anschlussgleisen. Übrigens hat diese Lok noch lange ihr altes Nummernschild mit breiten Ziffern getragen.

Während der internationalen Verkehrsausstellung in München hat E 18 13 mit österreichischem Packwagen am 8. September 1965 von Rosenheim kommend das Messegelände durchfahren. Die Stromabnehmer waren bereits mit schmaler Oberschere und Einheitswippe mit Doppelschleifstück ausgerüstet. Am Messebahnsteig ist E 03 004 zu erkennen, die gerade den 200 km/h-Sonderzug nach Augsburg bereitgestellt hat. Die große Zahl der Zuschauer auf der Brücke zeigt, welches Interesse die öffentlichen Schnellfahrten damals erweckt haben. Daher ist während der IVA noch ein zweites Zugpaar am Nachmittag eingeschoben worden, das allerdings nur in Richtung Augsburg mit Höchstgeschwindigkeit verkehrt ist. Am deutlichsten ist mir damals das Tempo geworden, als der Zug vor Augsburg eine scheinbar ewige Bremsstrecke benötigt hat, um die Kurve bei Hochzoll zu nehmen.

Am Morgen des 8. August 1959 hat E 18 16 den D 188 an Vachendorf vorbei nach Salzburg gebracht. In München war dem Zug ein Speisewagen der ISG vorangestellt worden. Interessant ist auch an vierter Stelle in diesem Zug ein Schürzenwagen aus dem blauen F-Zugnetz der frühen fünfziger Jahre. Auf der Wiese hinter den Gleisen sind auf den Seiten 16/17 bereits vorgestellte Heumanderl zu sehen, im Hintergrund erhebt sich der Hochfelln.

Nach den südlich von München aufgenommenen Bildern geht es nun in Richtung Donau. Am 15. Juli 1958 ist E 18 26 mittags am Bw Landshut in Richtung Regensburg mit dem „Saßnitz-Expreß" F 129 München – Saßnitz vorbeigerauscht, dem Gegenzug zum auf Seite 31 vorgestellten F 130. Für den Speisewagen war die MITROPA zuständig, der Kurswagen an zweiter Stelle ist aus Schweden von der SJ (Statens Järnvägar) gekommen und die letzten drei Wagen stammten von der DR.

Am 10. August 1959 hat E 18 03 ihren Schnellzug D 675 vorbei an der Burgruine Hilgartsberg durch das noch unkanalisierte Donautal bei Pleinting geführt. Die damals noch grüne Maschine ist später als betriebsfähige „Museumslok im letzten Betriebszustand" in blauer Farbe, mit neuen Signalleuchten – „Froschaugen" – und Verschleißpufferbohle noch bis März 1997 im Einsatz gewesen. Gerne erinnere ich mich einer Mitfahrt auf dem Führerstand von Frankfurt nach Bebra und zurück in einem Sonderzug im September 1994, als die Lok von Frankfurt aus eingesetzt worden ist.

Kurz vor ihrer Mündung in die Donau wird die Vils von der Bahn überquert. Auf der Fahrt von Passau nach Regensburg hatte der Eilzug E 1644 am 10. August 1959 die malerische Steinbogenbrücke in Vilshofen erreicht. Hinter der E 18 ist einer der damals häufig anzutreffenden MPw4i-Expressgutwagen eingereiht. Diese waren ab 1950 aus jeweils zwei der im Krieg gebauten Behelfs-Personenwagen mit Bretterwänden entstanden, wobei diese seitliche Ladetüren, ein verstärktes Untergestell mit Sprengwerk und zwei Schwanenhals-Drehgestelle bekommen haben.

Am 1. Juni 1958 hatte der Eilzug E 4033 nach Lauenstein gerade den Burgberg-Tunnel in Erlangen verlassen. Wie die neuen E 10 war E 18 35 schon im Februar 1952 als erste Altbau-Ellok der DB blau lackiert worden. Im Gegensatz zum späteren Farbschema hatte nur diese Lok einen Zierstreifen in halber Höhe unterhalb der Fenster, dafür hat ein solcher an der Unterkante des Lokkastens gefehlt. Nach 1955 hatte die DB für alle Elloks „ab 120 km/h“ Höchstgeschwindigkeit eine blaue Farbgebung vorgesehen, worunter auch alle E 18 gefallen sind. Offenbar hat man sich nicht mit blauen E 04, E 16 und E 17 anfreunden können, weshalb später die Grenze auf „über 120 km/h“ angehoben worden ist. Daher waren die ersten E 41 noch blau geliefert worden und alle späteren grün.

Ein Blick in den Stuttgarter Hauptbahnhof am 10. Juli 1958 zeigt E 18 20, die sich vor den gerade aus Frankfurt eingetroffenen D 528 gesetzt hatte. Aufsicht und Zugführer haben in ihren Papieren geblättert, und kurze Zeit später ist die Kelle zur Ausfahrt des Zuges nach Süden gehoben worden. In diesem Zug ist auch der Verfasser gereist, wobei ihn sein Moped im Packwagen begleitet hat. Dank der kräftigen E 18 konnte ich später wahrheitsgemäß berichten, ich sei „mit meinem Moped" mehr als 100 km/h schnell gefahren.

In der Einfahrt von Geislingen hat E 18 08 am frühen Nachmittag des 21. Juli 1958 große Augen gemacht, denn die spätere Museums-Lok hatte noch ihre alten in die Front eingelassenen Stirnlampen. Während 86 845 im Hintergrund gequalmt hat, war auf einem Nebengleis E 93 02 zu sehen, die auf Arbeit als Schublok auf dem 4,5 km langen 22,5 ‰ steilen Albaufstieg nach Amstetten gewartet hat.

Nochmals E 18 08, die mit Unterstützung von E 93 01 am Zugschluss am 27. März 1959 mit D 204 die damals noch handbediente Blockstelle Knoll erreicht hat. Am rechts vom geschlossenen Signal sichtbaren Springbrunnen sind Büste und Gedenktafel zu Ehren des aus Geislingen stammenden Oberbaurats Michael Knoll angebracht, der 1850 den Eisenbahn-Alb-Übergang erbaut hatte.

Nach Eröffnung des elektrischen Betriebs von Heidelberg nach Frankfurt am 19. November 1957 war bei Schnell- und Eilzügen nach Stuttgart kein Lokwechsel mehr zwischen den beiden Kopfbahnhöfen erforderlich. Am 10. Dezember 1957 hatte E 18 41 des Bw Stuttgart auf Gleis 10 des Frankfurter Hauptbahnhofs den Eilzug E 536 übernommen und um 13:12 Uhr die Heimreise angetreten.

Seit dem 15. Januar 1958 war Frankfurt dann auch von Aschaffenbug aus mit Elloks erreichbar. Die Strecke nach Nürnberg steigt im Spessart zwischen Laufach und dem Schwarzkopf-Tunnel bei Heigenbrücken auf einer rund 6 km langen Rampe mit bis zu 22,5 ‰ bergan. Für schwere Züge stehen auch heute noch Schiebelokomotiven in Laufach bereit. Zur Zeit finden gewaltige Bauarbeiten statt, um eine mit maximal 11 ‰ ansteigende neue Trasse mit vier Tunnelabschnitten zu gestalten. Davon war am 23. April 1962 noch nichts zu ahnen, als die Regensburger E 18 05 auf Talfahrt an der Petruskirche in Laufach vorbeigerauscht ist.

Von Osten her ist die Steigung im Spessart zwischen Lohr und Heigenbrücken wesentlich geringer. Bei Partenstein an der ehemaligen Blockstelle Beilstein war F 21 „Rheinpfeil“ am 20. September 1958 unterwegs nach Frankfurt. Als frühere Leipzigerin war E 18 34 mit ihren elektrischen Geschwistern aus Mitteldeutschland und Schlesien ab 1946 zum Zwangsaufenthalt in der UdSSR. Nach Rückgabe an die DR 1952 ist sie am 22. September 1953 zur DB gekommen, als die DR fünf E 18 und vier E 94 gegen Dampflok-Ersatzteile und Fahrleitungskupfer der DB eingetauscht hat. Auch der zweite Wagen 10 251 Ffm hat eine interessante Vergangenheit: Der frühere Salon-Presse-Wagen der Reichsregierung war im „Blauen Enzian“ bis zur Ausmusterung der Wegmann-Garnitur stets im Gegenzug vor dem Aussichtswagen eingesetzt.

Linke Seite: Auch E 18 048 war eine der fünf Loks ihrer Baureihe, die 1953 von der DR zur DB gekommen sind. Bis April 1954 ist die arg mitgenommene Lok im AW Freimann vollständig überholt worden. Am 30. August 1962 ist die in Nürnberg stationierte Lok mit einem Eilzug nach Frankfurt über die Weichen und Kreuzungen in der Einfahrt von Gemünden am Main gerattert. Interessant ist, dass bei der Baureihe E 18 der Ordnungsnummer ab E 18 045 eine Null vorangestellt worden ist, weil die damaligen Bestellungen eine Gesamtstückzahl von mehr als 100 Maschinen erwarten ließen.

Oben: Eine Aufnahme vom 10. März 1984 zeigt drei von E 44 eingerahmte E 18 im Bw Würzburg am Ende ihrer Einsatzzeit. Nachdem immer mehr Neubau-Loks der Reihe 111 unter den Fahrdraht gekommen waren, sind 1974 alle E 18 nach Würzburg versetzt worden, das zum Auslauf-Bw für E 18 und E 44 bestimmt worden war. Die letzten neun betriebsfähigen Schnellzugloks sind am 3. Juni 1984 z-gestellt und für einen Auftritt beim großen Fest zur Einweihung des dritten Gleises nach Rottendorf am 21./22. Juli 1984 aufbewahrt worden. Außer einigen Museumsloks, zu denen auch 118 047 gehört, sind alle E 18 und E 44 am 31. Juli 1984 ausgemustert worden.

Die letzte Entwicklungsstufe der Altbau-Schnellzug-Elloks verkörpert die Baureihe E 19. Mit Fabrik-Nr. 5000 hat die AEG E 19 01 am 15. Dezember 1938 der DR übergeben, jedoch ist im Betriebsbuch der 19.01.1939 als Tag der Anlieferung eingetragen. Die Aufnahme vom 27. Februar 1959 zeigt sie im Nürnberger Hauptbahnhof. Beide AEG-Maschinen E 19 01 und 02 haben gleiche Achsstände wie die E 18 besessen, jedoch größere Laufräder mit 1100 mm Durchmesser. Vier Fahrmotoren mit zusammen 4000 kW Stundenleistung haben über verstärkte AEG-Federtopfantriebe auf die Treibachsen gewirkt. Der schwere elektrische Teil hat Gewichtseinsparungen am mechanischen Teil erfordert, so dass der Rahmen mit 11,5 t um eine Tonne leichter als der von E 18 war, auch waren zahlreiche Bauteile aus Aluminium gefertigt.

Siemens/Henschel haben ebenfalls zwei Probelokomotiven für das gleiche Leistungsprogramm geliefert. Jede der 1940 in Dienst gestellten Lokomotiven E 19 11 und 12 war mit vier Doppelmotoren ausgerüstet. Die Kraftübertragung ist ebenfalls mittels Federtopfantrieb erfolgt. Die Loks der Reihe E 19.1 waren an ihrem hohen die Bremswiderstände tragenden Dachaufbau leicht von ihren AEG-Schwestern zu unterscheiden. Mit anfangs 4080 kW waren sie die leistungsfähigsten Einrahmenlokomotiven der Bundesbahn. Als Gast aus Nürnberg war E 19 12 am 20. Juli 1958 im Bw München Hbf in die Nachbarschaft von E 16 14 gelangt, so dass erste und letzte Generation von Altbau-Schnellzug-Elloks vor der charakteristischen Hundt'schen Bekohlungsanlage mit Hochbunker und Becherwerk gestanden haben.

Von ihrem Heimat Bw Nürnberg Hbf aus sind E 19 oft auf der nach dem Krieg elektrifizierten Strecke nach Coburg eingesetzt worden. Hier begegnet uns E 19 12 am 17. August 1959 mit dem Eilzug E 4036 in der südlichen Ausfahrt von Coburg. Die bei der Ablieferung weinrot lackierten Loks haben später ihre Farbe in grün bzw. blau gewechselt. Grün war E 19 01 vom Sommer 1945 bis November 1958, E 19 02 vom Februar 1947 bis Februar 1975 und E 19 11 vom Februar 1953 bis zu Ihrer z-Stellung im Juni 1975. E 19 12 hat schon am 20. Dezember 1952 direkt von rot nach blau gewechselt. Als Museums-Lokomotiven sind E 19 01 und E 19 12 heute wieder in weinroter Farbgebung zu bewundern.

Am 31. Mai 1958 hat E 19 11 umgeben von E 18 12, E 18 13 und E 52 26 vor dem Ellokschuppen in ihrem Heimat-Bw Nürnberg Hbf gestanden. Alle hier abgebildeten Schnellzuglokomotiven hatten zu jener Zeit bereits ihre windschnittigen Frontschürzen verloren, weil sich diese als unpraktisch in der Unterhaltung erwiesen hatten. Besonders im Winter hat es Funktionsstörungen an dort montierten elektrischen Bauteilen gegeben. Die Ersparnisse durch Verringerung des Luftwiderstandes sind von Mehrkosten bei Wartungsarbeiten weit übertroffen worden. Als Sonderlinge im Unterhaltungsbestand sind die ehemals schnellsten deutschen Elloks soweit wie möglich an E 18 angepasst worden.

Elektrische Mehrzweck-Lokomotiven

Wie eingangs erwähnt, ist die Trennung zwischen Loks für Personenzüge und für leichte Güterzüge problematisch. Daher werden nachfolgend beide Gattungen gemeinsam behandelt. Die Reihenfolge richtet sich nach der Anzahl der Treibachsen und dem Baujahr. Diese Gliederung lässt insbesondere die Entwicklung von E 77 über E 75 zur E 44 deutlicher erscheinen als die Trennung in Gattungen, zumal die Loks in der Praxis universell eingesetzt worden sind.

Zwei Treibachsen

Als älteste Wechselstromlokomotive ist die ab 1906 zwischen Murnau und Oberammergau eingesetzte LAG 1, spätere E 69 01, zu erwähnen. Die 1900 eröffnete Lokalbahn, seit 1903 im Besitz der Lokalbahn-AG München, ist 1904 von Siemens für Einphasen-Wechselstrombetrieb mit 5,5 kV/16 Hz umgerüstet worden. Während der Personenverkehr anfangs mit Triebwagen durchgeführt worden ist, war LAG 1 für Güterzüge vorgesehen. In ähnlicher Ausführung ist 1910, 1913, 1922 und 1930 je eine weitere Bo-Lokomotive gefolgt, die alle nach der Verstaatlichung 1938 von der Reichsbahn übernommen und als E 69 01–05 eingereiht worden sind. Da die Strecke seit Oktober 1954 mit 15 kV/16 Hz betrieben wird, haben E 69 02–05 entsprechende Transformatoren und Hochspannungseinrichtungen erhalten.

Drei Treibachsen

Als Personenzuglokomotiven sind in den Bestand der DR zahlreiche Bauarten aus der Länderbahnzeit gekommen, von denen die in größeren Stückzahlen vorhandenen kurz erwähnt werden sollen. In Baden sind seit 1913 die 1'C1'-Maschinen der Reihe A2 (E 61 01–09) gefahren, bei der zwei getrennte Motoren über Schrägstangen auf eine gemeinsame Blindwelle gearbeitet haben. Eine Anordnung, die zu Schüttelschwingungen und Treibstangenbruch neigt. Daher ist die Ausmusterung bereits in den dreißiger Jahren erfolgt, als E 71 zur Wiesen- und Wehratalbahn gekommen sind.

Der badischen A2 war die bayerische 1'C1' EP 3/5 (E 62 01–05) äußerlich sehr ähnlich, hat aber bei nahezu identischem Fahrgestell nur einen Motor aufgewiesen. Diese Bauart hat sich wesentlich besser bewährt, so dass die letzte E 62 erst um 1955 ausgemustert worden ist. Als Probeloks für die Strecke Freilassing – Berchtesgaden sind 1914 vier 1'C2' EP 3/6 (E 36 01–04) gekommen und 1915 weitere vier (E 36 21–24). Erstere haben vorne ein Krauss-Helmholtz-Gestell besessen, hinten waren Drehgestell und letzte Treibachse zu einem Krauss-Lotter-Gestell zusammengefasst. Eine vorbildliche Anordnung für hervorragende Laufeigenschaften in Kurven.

Auf preußischen Strecken waren seit 1914 sieben 1'C1'-Maschinen (E 30 01–08) im Einsatz, die mit der E 01 nahe verwandt waren.

Für Personenzüge waren im Wechmann-Plan bekanntlich nur die späteren E 32 und E 52 für bayerische Strecken enthalten, weil Schlesien und Mitteldeutschland vorerst ausreichend versorgt waren und ältere Schnellzugmaschinen in leichtere Dienste abgewandert sind. 1922 sind bei BBC/Maffei 19 1'C1'-Maschinen der Reihe EP 2 (E 32) bestellt worden mit zwei auf ein gemeinsames Vorgelege arbeitenden schnell laufenden Motoren, welche baugleich mit denen von E 16 01–10 waren. Auch die Spannungsregelung durch Schlittenschalter war beiden Baureihen gemeinsam. Der Auftrag ist noch um zehn Maschinen aufgestockt worden. Dank des vorderen Krauss-Helmholtz-Gestells waren die Laufeigenschaften hervorragend. Bei acht Exemplaren ist 1936 die Zahnradübersetzung geändert (E 32 101–108) worden, so dass die Höchstgeschwindigkeit von 75 km/h auf 90 km/h angestiegen ist.

Vier Treibachsen

In Schlesien war 1917 die schwere 2'D1' EP 235 in Dienst gestellt worden, die einen Doppel-Parallel-Kurbeltrieb mit zwei Blindwellen und den größten je hergestellten Bahnmotor mit 3,5 m Außendurchmesser besessen hat. Zum Vergleich war eine Maschine mit geteiltem Fahrwerk als 2'B+B1'-Doppellok entwickelt worden, wobei die Bestellungen für beide Varianten mehrfach geändert wurden. Schließlich sind 1921 nur zwei der Doppelloks (E 49) in Betrieb gegangen, haben sich aber nicht bewährt.

Mit der EP 235 war man so zufrieden, dass weitere elf Exemplare bestellt worden sind, die 1923/24 einsatzbereit waren (E 50 36–46). Eine letzte Serie dieser großmotorigen Maschinen (E 50 47–52) ist 1924 gefolgt. Diese waren erstmals mit einer nahezu stufenlosen Spannungsregelung mittels Nockenschaltwerk und regelbarem Zusatztrafo ausgerüstet, woraus die spätere DR-Einheitssteuerung abgeleitet worden ist. Weitere Personenzugloks sind in den schlesischen Bestand durch „Resteverwertung“ von 1919 bei AEG und MSW ursprünglich für die Berliner S-Bahn bestellten Wechselstrom-Triebgestellen gekommen. Je zwei der nun nicht mehr benötigten zweiachsigen Gestelle sind durch Brückenrahmen zu B'B'-Loks verbunden worden (E 42 13–19), die ab 1924 im Einsatz waren. Anzumerken wäre noch, dass fast alle bisher genannten Maschinen mit Heizkesseln geliefert worden sind, weil seinerzeit die elektrische Wagenheizung noch in den Kinderschuhen gesteckt hat.

1915 hat die Bayerische Staatsbahn als EG 4x1/1 zwei Bo'Bo'-Drehgestell-Loks mit Tatzlagerantrieb in Dienst gestellt, die später als EG 1 und ab 1926 als E 73 01 und 02 bezeichnet worden sind. Diese fortschrittlichen Maschinen können als Ahnen moderner Elloks angesehen werden. 1913 hat die Bayerische Staatsbahn auch zwei B'B'-Güterzugloks EG 2x2/2 (später EG 2, dann E 70 01 und 02) bestellt, die allerdings erst 1921 fertiggestellt werden konnten. Die äußerlich an E 71 oder E 42 erinnernden Maschinen sind erst zu Beginn der fünfziger Jahre ausgemustert worden.

Auf preußischen Strecken waren EG 511–537 (E 71 11–37) erfolgreich, wovon drei noch 1914 und die übrigen erst ab 1921 geliefert worden sind. Die letzten Exemplare der robusten B'B'-Maschinen haben sich noch bis Ende der fünfziger Jahre vor Personen- und Güterzügen in Südbaden gehalten.

Von der schweren Personenzuglokomotive EP 5 (E 52) sind bei AEG/SSW/Maffei gleich 35 Stück ohne Baumuster als 1'BB1'-Maschinen bestellt worden. Im Verlauf der Vorarbeiten ist daraus eine 2'BB1' und schließlich die uns bekannte symmetrische 2'BB 2'-Ausführung entstanden. Die halbhoch gelagerten Doppelmotoren waren gleich denen der EG 5 (E 91), ebenso die elektromagnetische Schützensteuerung. Mit 11.750 mm Drehzapfenabstand, 13.600 mm Radstand und 17.210 mm Länge hat das von Prof. Georg Lotter bei Maffei konstruierte Fahrgestell die größten Maße sämtlicher Einrahmen-Loks aufgewiesen. Die Rückstellkraft der Drehgestelle ist experimentell ermittelt worden, bis der Lauf in der Geraden befriedigt hat.

Gemäß dem Wechmann-Plan ist ab 1924 die leichte Güterzuglok mit der Achsfolge (1B)(B1) gekommen, davon 31 als EG 3 für Bayern (E 77 01–31, Stirnfront mit Übergängen und drei Stirnfenstern, Seitenkanten abgeschrägt) und 25 als EG 701–725 (E 77 51–75, Stirnfront geschlossen, Seitenkanten abgerundet) für Preußen. Die 56 dreiteiligen Fahrzeuge mit Winterthur-Schrägstangenantrieb haben unbefriedigende Laufeigenschaften gezeigt, insbesondere bei der Höchstgeschwindigkeit von 65 km/h.

Ab 1928 sind 31 Exemplare der daraus abgeleiteten E 75 geliefert worden, die als 1'BB1'-Einrahmenlokomotiven mit 1800 kW Stundenleistung 70 km/h erreicht haben, so dass sie problemlos auch im Personenzugdienst eingesetzt werden konnten (bay E 75 01–12/pr E 75 51–69). In diese ist nach erfolgreicher Erprobung in E 50.4 und E 73 06 erstmals die später zur Einheitsausführung der DR erklärte Steuerung mit Nockenschaltwerk und Feinregler eingebaut worden.

Nachdem der Bedarf an Personenzugloks gedeckt war und keine Bestellungen mehr zu erwarten waren, hat Prof. Walter Reichel bei Siemens auf Firmenkosten eine Bo'Bo'-Lokomotive mit Tatzlagermotoren bauen lassen. Das erstmals weitgehend geschweißte Fahrwerk ist im SSW-Dynamowerk und der Kastenaufbau bei der Waggonfabrik Wismar entstanden. Diese 80 km/h schnelle 2120 kW-Maschine ist der Reichsbahn 1930 zur Erprobung übergeben und 1931 als E 44 001 übernommen worden. Der Bau konnte nicht völlig geheim gehalten werden, so dass 1931 zwei ähnliche Maschinen zur DR gekommen sind: E 44 101 (später 501) von Maffei-Schwartzkopff (MSW) und der Berliner Maschinenbau AG (BMAG) sowie E 44 201 (später 2001) von Bergmann/Schwartzkopff. Die Probeloks haben erstmals einen pneumatischen Achslastausgleich von Törpisch besessen, der später bei allen E 44 eingebaut worden ist.

Das Ziel, eine mit der E 75 leistungsgleiche aber einfachere und kostengünstigere Maschine zu bauen, war erreicht. Die Bergmann-Lok hat allerdings nicht sonderlich befriedigt. Die MSW-Lok hat 1933 vier Geschwister bekommen (E 44 102–105, später 502–505) und 1934 in überarbeiteter Ausführung mit auf 2200 kW gesteigerter Leistung noch E 44 106–109 (506–509) von der AEG, die beiden letzten mit einer Höchstgeschwindigkeit von 90 km/h.

Am erfolgreichsten war die SSW-Lok: In daraus abgeleiteter Konstruktion sind 1933 die ersten 20 Serien-E 44 beschafft worden. In rascher Folge haben sich weitere Aufträge angeschlossen, teilweise mit leichten Modifikationen bis E 44 183w, wovon die letzten nach 1945 aus vorhandenen Großbauteilen entstanden sind. 1955 sind noch E 44 184^{G}–187^{G} gefolgt und als letzte die beiden aus Höllental-E 244 umgebauten E 44 188 und 189. Durch ein W waren mit elektrischer Widerstandsbremse ausgerüstete Loks ab E 44 152w gekennzeichnet. Anfang der fünfziger Jahre haben mehrere Münchner Maschinen ebenso wie die Nachbauten von 1954 eine direkte Wendezug-Steuerung erhalten. Sie haben ein hochgestelltes G wie E 44 094^{G} getragen. Vorläufer war eine von Dampfloks bekannte indirekte Fernsteuerung (Befehls-Steuerung), wie sie beispielsweise E 44 147^{B} besessen hat.

Für Güter- und Personenzüge auf der anfangs mit 5 kV/16 Hz elektrifizierten Strecke Murnau – Oberammergau sind zwischen 1906 und 1930 fünf zweiachsige Lokomotiven beschafft worden, die später als E 69 bezeichnet waren. Die erste Einphasen-Wechselstrom-Lok Deutschlands ist am 19. Februar 1906 als LAG 1 bei der Lokalbahn AG in Dienst gestellt worden. In ihren Ursprungs-Zustand zurückversetzt ist sie 1958 im Freigelände des Ausbesserungswerks München-Freimann als Denkmal aufgestellt worden, wo diese Aufnahme am 26. August 1964 entstanden ist. Zum Schutz vor der Witterung ist die Lok Anfang 1983 in eine Halle gekommen. Nach erneuter Aufarbeitung war sie ab Mai 1985 im Deutschen Museum ausgestellt und steht seit 2006 in der Lokwelt Freilassing.

Nach Umstellung der Strecke im Ammergau auf das Einheits-Stromsystem mit 15 kV/16 $^2/_3$ Hz im Oktober 1954 haben E 69 02–05 entsprechende Transformatoren und Hochspannungseinrichtungen erhalten. Fernab von ihrer bayerischen Heimat sind die mit Rangierfunk ausgerüsteten E 69 02 und 03 vom Juli 1955 bis 1964 in Heidelberg im dortigen am 5. Mai 1955 eröffneten neuen Hauptbahnhof eingesetzt worden. Am 2. März 1958 hatte E 69 02 gerade einen Kurswagen überstellt.

So angenehm es für die Reisenden war, so umständlich war doch der Umgang mit Kurswagen für den Bahnbetrieb, abgesehen von der engen zeitlichen Verknüpfung der beteiligten Züge. Damals war Pünktlichkeit allerdings noch selbstverständlich. Während ihres Dienstes in Heidelberg war E 69 03 am 26. März 1959 im Vorfeld mit zwei Kurswagen unterwegs. Der Personalaufwand mit Lokführer und zwei mitfahrenden Rangierern macht deutlich, warum Kurswagen so selten geworden sind. Interessant ist links neben der Rangierabteilung eine einfache Kreuzungsweiche mit innenliegenden Zungen und daneben zum Vergleich die Bäseler-Ausführung mit außenliegenden Zungen.

Auf ihrer Stammstrecke war E 69 04 am 25. August 1961 bei Gleisarbeiten in Altenau behilflich. Diese Lokomotive hat eine interessante Vergangenheit: Ihr Fahrzeugteil entstammt der 1902 von Siemens & Halske gebauten vierachsigen Drehstromlok, mit der auf der Militärbahn Marienfelde – Zossen Schnellfahrversuche durchgeführt worden waren. 1922 ist die Versuchslok geteilt und einerseits in eine zweiachsige Gleichstrom-Werklokomotive umgebaut worden und andererseits in die als LAG 4 nach Bayern gelieferte spätere E 69 04. Diese hat 1934 bei der LAG einen neuen Aufbau erhalten, der den anderen vier LAG-Loks ähnlich war.

Für die Versuchsstrecke Freilassing – Berchtesgaden sind 1914 vier EP 3/6 Personenzug-Loks mit der Achsfolge 1'C2' geliefert worden. Die Laufachse war in einem Krauss-Helmholtz-Gestell und das Drehgestell in einem Krauss-Lotter-Gestell gelagert, so dass die Loks ohne festen Radstand hervorragend für die krümmungsreiche Strecke geeignet waren. Die bei der DR als E 36 02 bezeichnete Lok ist 1941 zu einem Klima-Schneepflug umgebaut worden, der noch am 13. August 1963 im Bw München Hbf gestanden hat. Die Rückseite lässt die äußere Ausführung der Lok mit ihrer typisch bayerischen Stirnfront gut erkennen. Nach seiner Ausmusterung ist der Schneepflug „München 6453" unter die Obhut des Bayerischen Eisenbahnmuseums gekommen.

Als leichte Personenzuglok war im Wechmann-Plan die Reihe EP 2 mit der Achsfolge 1'C1' vorgesehen. Ab 1924 sind diese später als E 32 bezeichneten Maschinen mit 75 km/h Höchstgeschwindigkeit unter den Fahrdraht gekommen. Anfangs waren alle 29 als EP 2 20 006 bis 20 34 bezeichneten Loks im Bw München Hbf beheimatet. Bei der Umzeichnung ab 1927 hat man die alten Ordnungsnummern beibehalten, so dass es keine E 32 01 bis 05 gegeben hat. Im Lauf ihrer Dienstzeit sind die Loks zu allen Tätigkeiten eingesetzt worden, so E 32 28 auch zum Rangieren im Münchner Hauptbahnhof am 24. August 1964.

Vor dem Hintergrund des Wettersteingebirges ist E 32 16 am 21. August 1961 durch das Loisachtal nach Norden gekurbelt. Von 1958 bis 1962 war diese Maschine als einzige ihrer Gattung im Bw Garmisch stationiert. Die Aufnahme zeigt eine Zuggarnitur mit ehemaligen roten EB 85-Beiwagen im Werdenfelser Land bei Farchant.

Auf der Wiesen- und Wehratalbahn, der alten badischen Versuchsstrecke, ist die Baureihe E 71 Ende der fünfziger Jahre von E 32 abgelöst worden. Am 12. April 1958 war E 32 34 von Weil her mit einem Güterzug in Lörrach eingetroffen. Für die Gegenrichtung waren getrennte Vorsignale erforderlich, denn hier verlaufen zwei eingleisige Strecken nebeneinander, links im Bild nach Basel, rechts nach Weil am Rhein.

Später am Tag ist der Rest des auf vorigen Seite gezeigten Güterzugs mit E 32 34 im Bahnhof von Schopfheim einem talabwärts verkehrenden Personenzug mit E 32 24 begegnet. Seit Eröffnung des elektrischen Betriebes auf der Wiesen- und Wehratalbahn am 13. September 1913 haben sich die stählernen Oberleitungs-Quertragwerke rund 50 Jahre lang gehalten.

Am Ende der badischen Wiesentalbahn hat in Zell die Schmalspurstrecke nach Todtnau begonnen, wovon der Wagen im Hintergrund zeugt. Unter den alten Quertragwerken aus der Anfangszeit der Elektrifizierung hatte E 32 34 am Nachmittag des 12. April 1958 für die Rückfahrt nach Weil einen Güterzug zusammengestellt, der auch den damals üblichen Packwagen nicht vermissen lässt. Ungleiche Stirnlampen hat E 32 34 übrigens auch am Führerstand 1 getragen, wie die in Lörrach entstandenen Aufnahme auf Seite 63 zeigt.

Vom Ladegleis her hat sich E 32 12 am 21. Mai 1959 im Bahnhof von Zell vor dem Empfangsgebäude mit P 1727 gezeigt. Der aus drei Dreiachser-Umbau-Wagenpaaren gebildete Zug beweist, dass durchaus Wagen in unterschiedlichem Pflegezustand zu einem Wagenpaar vereint sein konnten. Am stabilen alten Tragwerk waren bereits neue Isolatoren und Seitenhalter für den Fahrdraht montiert.

Dank der Führung durch ihr vorderes Krauss-Helmholtz-Gestell waren die Loks der Baureihe E 32 für eine höhere Geschwindigkeit als 75 km/h geeignet. Daher haben acht Loks 1936 ein geändertes Getriebe für 90 km/h und Ordnungsnummern ab 101 erhalten. Dabei ist nicht die alte Nummer um 100 erhöht worden, sondern die neuen Nummern sind dem Zeitpunkt des Umbaus entsprechend fortlaufend vergeben worden. Die am 29. März 1959 im Bw Augsburg aufgenommene E 32 104 war vor der Getriebe-Änderung als E 32 30 unterwegs gewesen.

Aus der im Wechmann-Plan vorgesehenen schweren Personenzuglok mit der Achsfolge 2'BB1' ist die bayerische EP 5 mit symmetrischem 2'BB2'-Fahrwerk entstanden. Mit 11.750 mm Drehzapfenabstand, 13.600 mm Radstand und 17.210 mm Länge hat das von Prof. Georg Lotter bei Maffei konstruierte Fahrgestell die größten Maße aller deutschen Einrahmen-Loks aufgewiesen. Trotz anfänglicher Schwierigkeiten haben diese Loks ein relativ hohes Alter erreicht. Im Nürnberger Hauptbahnhof hat sich E 52 21 am 27. Februar 1959 in ihrer ganzen Länge gezeigt.

Gleich drei der großen Personenzugloks, E 52 15, E 52 19 und E 52 26 waren am 31. Mai 1958 im Bw Nürnberg Hbf versammelt. Mit 19,6 Mp Achslast ist die spätere E 52 ab 1924 unter den Fahrdraht gekommen. Die Beschaffung von 35 Maschinen ohne Probelok war damals beispiellos. Mangels einschlägiger Erfahrung ist die Rückstellkraft der Drehgestelle bei Probefahrten experimentell ermittelt und so lange verstärkt worden, bis der Lauf in der Geraden befriedigt hat.

Mit dem Personenzug 1239 auf der Fahrt nach Nürnberg hat E 52 34 am 31. Mai 1958 kurz vor 18.00 Uhr Georgensgmünd verlassen. Zuvor waren hier und in Spalt am Ende der Nebenstrecke etliche Fotos von 98 307 gelungen. Dort war das für Ein-Mann-Bedienung ausgerüstete „Glaskasterl" vom Lokführer bekohlt und für die Rückfahrt mit dem „Hopfenexpress" fit gemacht worden.

Auf der Fahrt nach Nürnberg ist E 52 12 am 22. August 1959 mit P 1901 nördlich von Treuchtlingen am Dorf Graben vorbeigekommen. Der gelbe Wegweiser zeigt zur „Fossa-Carolina“, woraus der Ortsname abgeleitet ist. Dort ist noch heute ein Stück des von Karl dem Großen um 793 begonnenen Kanals zwischen fränkischer Rezat und Altmühl zu besichtigen, wodurch Donau und Main verbunden werden sollten. Erst mit dem Ludwigs-Kanal ist diese Idee 1846 verwirklicht und mit dem Main-Donau-Kanal zum gigantischen Abschluss gebracht worden.

Nicht nur nach Treuchtlingen, sondern auch nach Bamberg und in den Frankenwald waren Ende der 1950er Jahre E 52 von Nürnberg aus im Personenzugdienst eingesetzt. Kurz vor dem Haltepunkt Nürnberg-Neusündersbühl war E 52 28 am 1. Juni 1958 mit dem P 1123 pünktlich um 13:04 Uhr neben ihrem Heimat-Betriebswerk Nürnberg Hbf vor dem inzwischen abgerissenen Verwaltungsgebäude in Richtung Fürth unterwegs.

Knapp zwei Stunden später war E 52 28 am Nachmittag des 1. Juni 1958 schon wieder auf der Rückfahrt nach Nürnberg. An der Spitze des recht langen P 1130 hatte sie Erlangen erreicht und ist kurz nach der Aufnahme in den Burgberg-Tunnel eingefahren. Im Vergleich zum Bild auf Seite 70 zeigt sich hier für den Modellbahner, dass sowohl rote als auch dunkle Räder durchaus vorbildgerecht sind.

Zwischen Lichtenfels und Hochstadt-Marktzeuln hat es früher die Blockstelle Oberwallenstadt gegeben mit einem typisch bayerischen Bk-Gebäude. Diese waren früher fast überall in Bayern anzutreffen, beispielsweise im Spessart, an der Schiefen Ebene und sogar sehr lange noch am Bk Hilperting unweit von Rosenheim. Längst verschwunden ist die Idylle, an der E 52 16 am 2. März 1959 mit P 1106 vorbeigekurbelt ist.

Auch im Güterzugdienst waren die als „Heuwender“ benannten Maschinen anzutreffen. Aus dem Frankenwald kommend hat E 52 20 am 2. März 1959 zwischen Förtschendorf und Rothenkirchen das damals eingleisige Teilstück der Hauptstrecke Berlin – München befahren. Nach dem Zweiten Weltkrieg ist zwischen Hochstadt-Marktzeuln und Förtschendorf sowie ab Ludwigsstadt das zweite Gleis abgebaut worden, während dessen Fahrdraht als Speiseleitung hängen geblieben ist. Nach der Wiedervereinigung ist die Frankenwaldbahn zu neuem Leben erwacht und mit großem Aufwand modernisiert worden.

Personenzüge von Ludwigsstadt in Richtung Probstzella haben 1959 direkt an der innerdeutschen Grenze am Haltepunkt Falkenstein geendet. Am 3. März 1959 hat E 52 16 mit P 4189 im Wald kurz vor Falkenstein die nach Thüringen fließende Loquitz überquert. Weil die Lok nicht umgesetzt werden konnte, musste der Zug auf der Rückfahrt bis Ludwigsstadt geschoben werden, wobei der Zugführer das Bremsventil im Packwagen fest im Griff hatte.

Kurze Zeit später hat E 52 16 den Gegenzug P 4190 unterhalb von Lauenstein am 3. März 1959 zurück geschoben, wie die Schlussscheibe an der Lok deutlich erkennen lässt. Erst in Ludwigsstadt konnte die Lok den Zug umfahren und sich an die Spitze setzen, denn wie Falkenstein hatte auch Lauenstein an der eingleisigen Strecke nur eine Haltestelle ohne Weichen.

Für Güterzüge auf der Versuchsstrecke Freilassing – Berchtesgaden sind 1914 zwei vierachsige Drehgestell-Lokomotiven mit der Bezeichnung EG 4x1/1 gebaut worden. Mit Einzelachs-Antrieb durch Tatzlager-Motoren waren diese Loks ihrer Zeit voraus und haben sich hervorragend bewährt. Nach ihrer Ausmusterung im Krieg ist die als E 73 02 bezeichnete Lok zu einem Klima-Schneepflug umgebaut worden, der noch am 17. Juli 1972 im Bw Freilassing gestanden hat. Wenn auch die Rückseite eine vorgeschobene Pufferbohle mit darunter montierter Pflugschar und darüber angebrachtem Kasten aufgewiesen hat, so lässt die Aufnahme doch die äußere Gestalt der Lok mit ihrer bayerischen Stirnfront noch sehr gut erkennen.

Von EG 511–537, der von der KPEV beschafften und später als E 71 eingeordneten vierachsigen Baureihe, sind 1914 noch drei Maschinen, die restlichen erst ab 1921 auf mitteldeutschen Strecken zum Einsatz gekommen. Nach Umbau von 17 Lokomotiven, wobei u. a. die Höchstgeschwindigkeit von 50 auf 65 km/h angehoben worden ist, sind 1932 mehr als zehn Maschinen zur badischen Wiesen- und Wehratalbahn gelangt, wo die letzten 1959 ausgemustert worden sind. Am 11. April 1958 war E 71 29 vom Bw Haltingen noch im Einsatz und hatte am Nachmittag einen Güterzug in Richtung Freiburg befördert.

Ab 1924 sind 56 später als Baureihe E 77 bezeichnete (1B)(B1)-Elloks gemeinsam beschafft worden, davon 25 für mitteldeutsche und 31 für bayerische Strecken. Als letztes Exemplar ist E 77 10 bei der DR als Museumslok erhalten geblieben. Mit etwas Glück konnte man am 10. Juni 1995 in Halle auf dem Führerstand der vorbildlich gepflegten Lok mitfahren. Damals war im Hintergrund noch die genietete Stahlfachwerkkonstruktion der 1914–1916 erbauten Berliner Brücke zu sehen, die am 11. Januar 2006 von einer modernen Schrägseilbrücke abgelöst worden ist.

Während die ersten der mitteldeutschen E 77 51–75 stirnseitig geschlossene Führerstände mit gerundeten Seitenkanten erhalten haben, waren bei den bayerischen Exemplaren E 77 01–31 Stirntüren mit Übergangseinrichtungen und abgeschrägte Seitenkanten am Führerstand üblich. Zu dieser Ausführung gehört auch die Museumslok. Viele Jahre lang war sie auf Sonderfahrten im Einsatz, so auch aus Anlass des Dresdner Dampflokfests am 13. Mai 1999 im Elbtal bei Königstein mit dem Sonderzug 25233, der am anderen Ende mit 01 1531 bespannt war.

Ab 1927 haben 31 einrahmige 1'BB1'-Loks der Baureihe E 75 die Nachfolge der lauftechnisch unbefriedigenden E 77 angetreten. Während deren Motoren und der Winterthur-Schrägstangen-Antrieb übernommen worden sind, ist erstmals die elektrische Steuerung mit Nockenschaltwerk und Feinregler serienmäßig zur Anwendung gekommen. Im Münchner Hauptbahnhof waren E 75 zeitweilig im Rangierdienst eingesetzt. Am 5. August 1958 hat E 75 11 einen Postwagen durch die Weichenstraßen verschoben. Wie die gelbe Flagge am Wagen zeigt, war er mit Personen besetzt. Über dem Wagen ist die aufgespreizte Fahrleitung für die soeben befahrene Bäseler-Kreuzungsweiche deutlich zu erkennen.

Bei strahlendem Sonnenschein freut sich der Fotograf. Zwischen Murnau und Garmisch hat E 75 53 bei Eschenlohe am 25. August 1961 einen Schotterzug abgeholt. E 75 und die gleichzeitig gelieferten E 06.1 haben erstmals die charakteristische Stirnfront mit drei gleichgroßen rechteckigen Fenstern und über die Sonnenblenden vorgezogener Dachpartie gezeigt, die später auch E 05, E 44.5, E 44 und E 93 erhalten haben. Die Aufnahme zeigt deutlich, dass zur Seite geschobene Fensterscheiben die daneben liegende Lüfterjalousie abgedeckt haben.

Nach Abschluss des Elektrifizierungsprogramms der DR in den zwanziger Jahren hat die deutsche Elektroindustrie 1930/31 auf eigene Kosten drei vierachsige Drehgestell-Lokomotiven gebaut, um den technischen Fortschritt zu dokumentieren. Wie von SSW und Bergmann hat auch Maffei-Schwartzkopff (MSW) mit der Berliner Maschinenbau AG (BMAG) 1931 eine Bo'Bo'-Probelok gebaut. Davon sind acht Exemplare in zwei später als E 44.5 bezeichneten Bauserien nachbestellt worden. Sie waren über viele Jahre im Bw Freilassing anzutreffen, das stets die Maschinen für die schwierige Strecke nach Berchtesgaden beherbergt hat. Aus dem dortigen Bahnhof ist E 44 502 aus der ersten Nachbauserie von 1933 am 11. Juli 1958 um 15:15 Uhr mit P2016 ausgefahren.

Auf dem Bahnübergang am Pass Hallthurm endet kurz vor dem gleichnamigen Bahnhof die in Bad Reichenhall beginnende 5,5 km lange Steilstrecke mit 40 ‰-Steigung und engen Kurvenradien von 180 m. Am 8. August 1959 hatte E 44 502 mit P 2009 den Brechpunkt gerade erreicht. Die anfangs als E 44.1 bezeichneten Loks haben im April 1939 ihre 500-er Nummern erhalten, nachdem von der Serienausführung der E 44 bereits mehr als 100 Stück bestellt waren.

Im Bahnhof von Bayerisch Gmain ist die Steilstrecke nur ganz kurz unterbrochen, so dass Lok und die ersten Wagen des von 144 505 am 24. Juli 1972 bergwärts gezogenen Zuges schon wieder in der Steigung stehen. Hier dürfen auch heute noch die Lokführer das „Anfahren am Berg“ üben, das auch so manchem Autofahrer Schwierigkeiten bereitet.

E 44 505, die am 11. Juli 1958 Bayerisch Gmain mit P 2012 talwärts verlassen hat, war das letzte Exemplar der ersten Nachbauserie. Die im Blickwinkel einsteigender Reisender liegende seitliche Dachpartie war sehr gepflegt, während der nur von oben sichtbare Mittelbereich normale Gebrauchsspuren gezeigt hat. Diese Ende der 1950-er Jahre übliche kostensparende Praxis des Bw Freilassing ist auch auf anderen Bildern in diesem Buch erkennbar.

Mit dem Personenzug 2010 war E 44 502 am 8. August 1959 auf der Rückfahrt nach Freilassing. Dabei hat sich westlich von Berchtesgaden dieses schöne Motiv mit dem Watzmann im Hintergrund ergeben. Kenner der Materie sprechen von der gesamten Watzmannfamilie mit der 2713 m hohen Watzmann-Mittelspitze rechts im Bild, mit der 2307 m hohen Watzmannfrau links und den Watzmannkindern dazwischen.

Am 8. August 1959 waren im Endbahnhof Berchtesgaden E 44 503, 506 und 508 anzutreffen, die sich alle voneinander unterschieden haben. Die E 75-ähnliche Stirnfront hatten nur die ersten fünf Loks. Die zweite Nachbauserie ab E 44 506 in verstärkter Ausführung ist 1934 infolge Liquidation von MSW und BMAG von der AEG geliefert worden. Die beiden letzten Loks E 44 508 und 509 waren mit 90 km/h Höchstgeschwindigkeit 10 km/h schneller als ihre Geschwister.

Bei Winkl war 144 508 am 12. Juli 1972 mit dem aus Eilzug-Wagen gebildeten Zug 2507 auf dem Weg nach Süden. Die AEG-Loks hatten die von E 17 und E 04 bekannte Stirnfront mit je einer einzelnen Sonnenblende links und rechts. In den Längsträgern des Rahmens sind bereits die später für E 94 typischen länglichen Aussparungen zur Gewichtsreduzierung sichtbar. Mit ihren der Baureihe E 94 entsprechenden Motoren hatten diese Loks eine rund 40 % größere Leistung als ihre fünf älteren Geschwister.

Häufig waren Reisebüro-Sonderzüge in die bayerischen Alpen unterwegs. Am 8. August 1959 hat E 44 506 einen mit fröhlichen Urlaubern gut besetzten Scharnow-Hummel-Zug nach Bischofswiesen gebracht. Vor der „Liegenden Hexe“ im Hintergrund erinnert die Aufnahme daran, wie schön es war, wenn man bei strahlendem Sonnenschein die Fenster öffnen und nicht nur die Aussicht sondern auch die natürliche Bergluft genießen konnte.

Als erfolgreichste der drei von der deutsche Elektroindustrie auf eigene Kosten gebauten Drehgestell-Elloks hat SSW 1930 eine Maschine mit vier Tatzlager-Motoren gebaut und deren Fahrzeugteil im eigenen Dynamowerk weitestgehend in Schweißkonstruktion erstellt. Die DR hat diese Lok später als E 44 001 übernommen. Am 18. Juli 1958 war sie in ihrem Heimat-Bw Garmisch auf die Drehscheibe gerollt und hat sich äußerlich kaum verändert fast noch in ihrem ursprünglichen Zustand gezeigt mit der von E 15 01 und E 16 101 her bekannten charakteristischen Stirnpartie.

Drei Jahre später am 21. August 1961 war durch Abnahme der Sonnenblenden und Anbringung eines Vordaches die Stirnfront von E 44 001 bereits leicht modifiziert, als sie vor dem fotogenen Hintergrund des Karwendel-Gebirges die Schmalensee-Höhe zwischen Mittenwald und Klais mit einem Sonderzug erreicht hatte.

Aus der Siemens-Probelok sind die Serien-Loks der Baureihe E 44 entwickelt worden, die ab 1932 bis zum Kriegsende mit 174 Exemplaren die höchste Stückzahl aller Reichsbahn-Elloks erreicht hat, gefolgt von E 94 mit 145 Maschinen. Erst durch Nachbauten bis 1956 ist die E 94 mit 200 Stück auf den ersten Platz gelangt. Aus der 1933 für die Strecke Augsburg – Stuttgart gelieferten ersten Serie von 20 Loks hat E 44 004 gestammt, die am 25. August 1961 einen Gleisbau-Zug durch Ohlstadt befördert hat. Die Serienloks der Reihe E 44 haben wie die ersten fünf E 44.5 die zuvor bei E 06.1 und E 75 ausgeführte Stirnpartie mit über die Fensterblenden vorgezogenem Dach erhalten.

Ebenfalls aus der ersten Bauserie stammte E 44 013, die am 24. Juli 1958 mit Personenzug P 1241 bei Stuttgart-Obertürkheim in Richtung Plochingen unterwegs war. Die am 17. März 1933 beim Bw Stuttgart in Dienst gestellte Lokomotive ist nach Stationierungen in Ulm und Tübingen ab 1959 wieder in ihr altes Heimat-Bw zurück gekommen, wo sie 1978 ausgemustert worden ist.

In Amstetten am oberen Ende der Geislinger Steige hat früher ein fahrbares Unterwerk mit einer Leistung von 6,5 MW dafür gesorgt, dass auf der Steilstrecke genügend Energie zur Verfügung stand. Der auf einem tiefladerartigen Fahrgestell montierte Transformator ist über eine Stichleitung aus der nahen 110 kV-Bahnstrom-Fernleitung gespeist worden. Vor und hinter der Oberleitungs-Trennstelle haben am 27. März 1959 die verstellbaren Signale auf blauem Grund „El 2" angezeigt und das Befahren mit eingeschaltetem Triebfahrzeug erlaubt, als in Gegenrichtung von Ulm her E 44 016 mit P 1276 in den Bahnhof eingefahren ist.

E 44 085 hat am 28. Februar 1959 bei Hirschaid deutlich bewiesen, dass eine E 44 nicht nur für die Beförderung von Reisezügen geeignet war. Auf dieser Strecke haben zwischen Bamberg und Forchheim im Oktober 1963 Schnellfahrten mit bis zu 200 km/h stattgefunden, um an E 10 299 und E 10 300 mit Versuchs-Drehgestellen die günstigste Antriebsart für die zu bauende Schnellfahr-Lok E 03 zu ermitteln.

E 44 075 hat am 7. August 1959 mit ihrem Personenzug P 1806 den Haltepunkt Krottenmühl am Simssee zwischen Traunstein und Rosenheim verlassen. Die hinter dem Bahnsteig aufgestellten Fahrleitungs-Masten waren zur Überbrückung des großen Abstands vom Gleis mit verlängerten Auslegern versehen. Eine weitere Besonderheit war die gleichzeitige Nutzung der Masten für Beleuchtungszwecke.

Von der Hauptstrecke München – Salzburg zweigt in Traunstein die Nebenbahn nach Ruhpolding im Süden ab. Für Versuche mit Wendezügen waren einige Maschinen der Reihe E 44 nachträglich mit Fernsteuerung ausgerüstet worden. Zu diesen durch ein hochgestelltes G gekennzeichneten Exemplaren hat E 44 094^{G} gehört, die am 27. Mai 1958 den Bahnhof von Traunstein mit P 2115 in südlicher Richtung verlassen hat. Bemerkenswert ist außer der rechtwinkligen Kreuzung und dem erst dahinter aufgestellten Hauptsignal mit bayerischem Flügel noch damals das Fahren mit nur einem Stromabnehmer mit Kasperowski-Doppelschleifstück.

Noch am 6. Juni 1980 war 144 121 von Würzburg nach Lauda unterwegs, als sie am frühen Nachmittag mit dem Personenzug 5895 an Zimmern vorbeigekommen ist. Nach der 1975 fertiggestellten Elektrifizierung der Strecke zwischen Neckar und Main hatten E 18 und E 44 des Bw Würzburg die Dampfloks der Reihen 23 und 50 verdrängt.

Für einen besonderen Zug hatte man im Bw Aschaffenburg E 44 070, eine der wenigen E 44 mit Glocke, am 7. Juni 1964 ausgewählt. Schon aus der Ferne war im Spessart das ständige Läuten der sich langsam nähernden Lok zu vernehmen, die 74 794, 56 696, 56 346 und 56 687 auf ihrem letzten Weg geschleppt hat. Mit ihrem Tempo von 30 km/h war die traurige Fuhre leicht mit dem Auto zu begleiten. Im Sonnenschein ist bei Partenstein diese Aufnahme entstanden, bevor in Lohr eine längere Pause eingelegt worden ist, um die Dampfloks auf Heißläufer zu kontrollieren und schnellere Züge vorbei zu lassen.

Die höchsten Ordnungsnummern der Baureihe E 44 waren 188 und 189. Nach dem Ende des 50 Hz-Betriebs auf der Höllentalbahn am 20. Mai 1960 sind beide Loks im AW Freimann aus E 244 11 und E 244 22 umgebaut worden und 1963 bzw. 1965 mit 16 $^{2}/_{3}$-Hz Ausrüstung und neuen Stirnfronten und Seitenwänden zurück zum Bw Freiburg gekommen. Nach Wechsel zum Bw Rosenheim hat sich 144 188 am 24. März 1970 im Münchner Hauptbahnhof in ihrer modernisierten Gestalt mit Stromabnehmern, Fenstern und Lüfterjalousien der Bundesbahn-Einheits-Elloks gezeigt.

Nach Übernahme der Zugförderung in Österreich durch die Reichsbahn sind die Loks E 44 152w bis 183w mit Widerstandbremse ausgeliefert und mit einem der Ordnungsnummer nachgestellten w gekennzeichnet worden. Die Aufnahme vom 13. April 1958 im Bw Freiburg lässt an E 44 168w die Abluftkanäle der elektrischen Bremse auf dem Dach gut erkennen.

Da die Unterhaltung der Widerstandsbremse sehr aufwendig war, ist sie nach 1960 nur noch bei den im Höllental eingesetzten Loks des Bw Freiburg gepflegt worden. So ist es vorgekommen, dass auch Loks ohne funktionierende Widerstandsbremse noch das w auf ihren Schildern und Abluftkamine auf dem Dach getragen haben. Ab 1962 sind die Loks mit funktionsfähiger Widerstandsbremse als E 44.11 und nach dem 1. Januar 1968 als Baureihe 145 bezeichnet worden.

Während einiger Tage Familienferien in Titisee sind Anfang 1973 im Schnee unter anderem die Bilder dieser Doppelseite entstanden. Am Morgen des 18. Januar war die in Freiburg stationierte 145 152 mit dem Personenzug 4561 auf dem fast ebenen Abschnitt zwischen Hinterzarten und Titisee unterwegs nach Neustadt im Schwarzwald (Bild links). Dort am Ende der elektrifizierten Strecke hat die Lok umgesetzt und in Gegenrichtung den Eilzug 2052 aus Ulm übernommen, mit dem sie rund eine dreiviertel Stunde später wieder an derselben Stelle vorbei gekommen ist (Bild oben).

Elektrische Güterzug- und Rangier-Lokomotiven

Die erste betriebstüchtige Länderbahnlokomotive war die 1907 für die Oranienburger Versuchsbahn mit 6 kV/25 Hz beschaffte EV 1/2, die 1911 zur Hafenbahn Altona gekommen und 1932 als E 73 03 ausgemustert worden ist.

In Preußen hatte man für die 1912 gelieferte EG 501 einiges Lehrgeld bezahlt. Bei dieser 1'D1'-Maschine haben zwei entfernt voneinander angeordnete Motoren über Schrägstangen auf eine gemeinsame mittlere Blindwelle gearbeitet. Man hat gelernt, dass zwei die gleiche Achsgruppe antreibende Motoren sehr zu Schüttelschwingungen neigen und diese Anordnung zukünftig vermieden. Die Lok hat das Leistungsprogramm nicht erfüllt und ist in EP 201 umgezeichnet worden. Den Bau der gleichartig konzipierten 1'D1'-ES 4 Schnellzuglok hat man unverzüglich gestoppt und den bereits fertiggestellten mechanischen Teil wieder zerlegt. Für die Strecke Dessau – Bitterfeld hat die KPEV 1911/12 fünf einmotorige Güterzugloks mit der Achsfolge D (EG 502–506) bekommen, die zu Vergleichszwecken verschiedene Motoren und Steuerungen erhalten hatten. Schließlich sind 1913 noch EG 507 und 508 gefolgt, welche für die Berliner S-Bahn vorgesehen waren. Sie haben in etwa EG 506 entsprochen, hatten aber nur einen Führerstand. Die genannten Maschinen sind als E 70 02–08 von der DR übernommen und bis 1938 ausgemustert worden.

Die Einteilung der Elloks nach ihrem Verwendungszweck ist nicht ganz frei von Willkür. Wegen der Überlappungen zwischen leichten Güterzug- und Personenzugloks sind weitere vierachsige Lokomotiven vorstehend als Mehrzweck-Lokomotiven behandelt worden. Somit bleiben nun die sechsachsigen Exemplare übrig. Wegen des engen technischen Zusammenhangs werden nachfolgend auch die als „halbe Güterzugloks" aus diesen entwickelten dreiachsigen Rangierloks betrachtet.

Für ihre schlesischen Strecken hat die KPEV 1912 dreißig sechsachsige Lokomotiven mit Gepäckraum bestellt. Während die erste von 20 B+B+B-Loks EG 538abc noch 1915 fertig geworden war, sind mit reduzierter Stückzahl elf weitere erst nach dem Ersten Weltkrieg gefolgt. Die später als E 91 38–49 eingereihten dreiteiligen Fahrzeuge haben außen gelagerte mit Kurbeln versehene Treibachsen besessen. Ab 1919 sind auch zehn zweiteilige C+C-Fahrzeuge EG 551/552–569/570 ebenfalls mit Außenrahmen erschienen, später E 90 51–60. In jeder Fahrzeughälfte hat ein Doppelmotor eine Vorgelegewelle angetrieben, welche über Kuppelstangen auf die mit Hall'schen Kurbeln ausgerüsteten Treibachsen gewirkt hat. Ebenfalls als Packwagenlokomotiven, jedoch als Co+Co mit Tatzlager-Einzelachsantrieb, sind ab 1923 neun EG 571ab–579ab (E 92 71–79) beschafft worden, deren elektrischer Teil von SSW stammte. Dies war die letzte Bestellung der Länderbahn-Ära.

Für schwere Güterzüge sind ab 1925 in Bayern 20 und in Schlesien 14 C'C'-Loks der Reihe E 91.0 bzw. E 91.8 zum Einsatz gekommen. Die 55 km/h schnellen Maschinen mit einer Leistung von 2200 kW haben sich mit gleichen Motoren und Schützensteuerung wie E 52 so bewährt, dass 1927 für Schlesien eine Serie von zwölf Loks (E 91 95–106) mit Widerstandsbremse nachbestellt worden ist. Als „halbe E 91" sind zwischen 1927 und 1934 vierzehn 1'C-Rangierloks der Reihe E 60 in Dienst gestellt worden, die auch im leichten Streckendienst eingesetzt werden konnten. Als Weiterentwicklung sind ab 1935 laufachslose dreiachsige Rangierloks gefolgt, E 63 01–04 und 08 von AEG mit einem Fahrmotor der Reihe E 18 und drei BBC-Loks E 63 05–07 mit einem Motor der E 16.1.

Doch zurück zum Jahr 1927: Nach Bewährung der E 92 ist im Herbst in Schlesien die erste von sechs zweiteiligen 1'Co+Co1'-Güterzugloks der Reihe E 95 eingetroffen. Mit 2778 kW Stundenleistung und 70 km/h Höchstgeschwindigkeit haben sie dem Tatzlagerantrieb zum Durchbruch verholfen. Während damals aus Gewichtsgründen noch eine Laufachse erforderlich war, wurde nach Bewährung der E 44 dann für die neu elektrifizierte Strecke Augsburg – Ulm – Stuttgart eine laufachslose Co'Co'-Güterzuglok gefordert.

Mit einer Leistung von 2502 kW und 65 km/h Höchstgeschwindigkeit sind 1933 zwei Probeloks und bis 1937 sechzehn weitere unter den Fahrdraht gekommen, ab E 93 05 für 70 km/h. Diesen ist ab 1940 in verstärkter Ausführung mit 3300 kW und 90 km/h Spitze die auch in Österreich eingesetzte Reihe E 94 mit Widerstandsbremse gefolgt. Von dieser Baureihe sind bis 1956 noch etliche Maschinen nachbeschafft worden, zuletzt mit stärkeren Siemens-Motoren die Serie E 94 262–285, die ab 1970 für 100 km/h zugelassen und als 194.5 bezeichnet worden ist.

rechts: Führerstand der E 93 08: Die Aufnahme vom 23. Juli 1958 im Bw Kornwestheim ist typisch für Einheits-Elloks der Reichsbahn mit Steuerung durch Nockenschaltwerk und Feinregler: Unmittelbar durch das Handrad werden bei jeder vollen Umdrehung über ein mechanisches Getriebe Nockenwalze und Feinregler um eine Fahrstufe weiter geschaltet, je nach Drehrichtung auf- oder abwärts. Die jeweilige Fahrstufe wird von einem auf dem Fahrpult mitdrehenden Messingfinger angezeigt. Bremsventile, Zusatzbremse, Pfeife, Notbremsventil, Fahrtrichtungsschalter, Druckluft-Scheibenwischer etc. zeigen die damals üblich robuste Ausführung. Lüfterschalter und Messgeräte lassen keinen Zweifel aufkommen, dass es sich hier um Starkstromtechnik handelt. Der über der Türe sichtbare rote Griff hat direkt auf den Hauptschalter gewirkt und war als „Not-Aus" vorgesehen. Gleich neben der Türe war ein Sifa-Kontakt angebracht, der beim Rangieren vom aus dem Fenster lehnenden Lokführer erreichbar war. Zur E 93 08 sei angemerkt, dass sie heute vor dem Kernkraftwerk Neckarwestheim ausgestellt ist.

unten: Feinregler der E 93 08: Bei der Einheits-Steuerung der DR hat der Lokführer mit seinem Handrad sowohl ein um einen Rundkollektor drehbares Bürstenjoch im Feinregler als auch eine Nockenwelle im Schaltwerk bewegt, das an fünfzehn Anzapfungen des Haupttrafos angeschlossene Kontakte wechselweise mit den Enden der Sekundärwicklung eines Zusatztrafos verbunden hat. Im Feinregler haben diametral gegenüberliegende Bürsten von 2 x 72 Lamellen eine in Höhe und Polung variable Spannung für die Primärwicklung des Zusatztrafos abgegriffen. Dadurch war die vom Mittelausgang der Sekundärwicklung ausgehende Motorspannung extrem feinstufig regelbar. Wenn die Bürsten nach einer halben Umdrehung eine breite Kontaktbahn erreicht hatten, hat das Nockenschaltwerk das zweite Ende der Primärwicklung des Zusatztrafos mit der nächstfolgenden Anzapfung des Haupttrafos verbunden. Bei weiterer Drehung zur nächsten Fahrstufe wurde erst der Kontakt zum ersten Ende des Zusatztrafos geöffnet, dann die Spannung durch eine halbe Umdrehung des Feinreglers weiter gesteigert, und danach im Schaltwerk das erste Ende des Zusatztrafos mit der nächsthöheren Anzapfung des Haupttrafos verbunden.

Als„ Jumbo“ hat man die seit 1925 im Einsatz stehende E 91 bezeichnet. Seinerzeit waren für das süddeutsche Netz 20 später als E 91.0 bezeichnete Loks sowie 14 für ehemals preußische Strecken in nahezu gleicher Ausführung beschafft worden. Auf der 25 ‰-Rampe zwischen Ludwigsstadt und Steinbach am Wald hat sich E 91 07 am 3. März 1959 mit einem langen Güterzug abgemüht, den sie in Probstzella übernommen hatte. Am Zugschluss hat eine zweite E 91 nachgeschoben. Schneereste im Schatten erinnern den damals auf seinem Moped angereisten Fotografen an Fahrten bei unangenehmer Kälte in der Woche nach seinem Abitur.

E 91 13 hat am 2. März 1959 einen Kohlenzug aus Gefilden der Reichsbahn auf der Südrampe vom Frankenwald herab in den Bahnhof von Pressig-Rothenkirchen gebremst. Deutlich zeigt die Aufnahme mit freundlich winkendem Lokführer den viele Jahre lang nur eingleisigen Abschnitt südlich von Förtschendorf, wo die Oberleitung über der leeren Trasse als Speiseleitung für die Steilrampe verblieben war.

Im Bw Pressig-Rothenkirchen waren stets Lokomotiven für den Schiebedienst im Frankenwald stationiert. Waren es zur Dampfzeit die mächtigen Gt 2x4/4-Mallet-Riesen, so waren dort nach dem Krieg E 91.0 und E 91.9 bis 1967 anzutreffen. Bei der Modernisierung der Loks im Aw Freimann sind die Übergangseinrichtungen der bayerischen E 91.0 entfernt und die Stirntüren verschlossen worden. Drei dieser kräftigen Oldtimer, E 91 07, 01 und 02, haben am 2. März 1959 die damals dort stationierte E 94 182 eingerahmt.

Zur ehemals preußischen Variante E 91.8 gehörte E 91 89, die am 25. Juli 1958 gegen 15:30 Uhr in Bahnhof von Plochingen auf neue Aufgaben gewartet hat. An der Stirnfront verrät ein Seilzug zum Lösen der Kupplung, dass diese Lok auch als Schiebelok eingesetzt werden konnte. Den Loks der Reihe E 91.8 haben Stirntüre und mittleres Führerstandfenster ihrer bayrischen Schwestern gefehlt.

Zuvor hatte E 91 89 nach Leerfahrt von Kornwestheim in Stuttgart-Untertürkheim einen aus unterschiedlichen O-Wagen bunt zusammengewürfelten Güterzug nach Plochingen übernommen. Der rechts stehende freundliche Lokführer Wehrts hatte mir dankenswerterweise im Bw Kornwestheim die Mitfahrt auf dem Führerstand ermöglicht. Nach Ankunft in Plochingen, Abstellen der Lok und Foto bin ich in einem ET 65 zurück nach Kornwestheim gereist, um meinen fahrbaren Untersatz abzuholen.

E 91 94 hat am 11. April 1958 im Bw Haltingen in Gesellschaft von E 71 29 und zwei neuen E 40 auf neue Aufgaben gewartet. Für mich gehört es zu den Rätseln des Nummernplans, dass mitten in einer Dekade die Unterbaureihe wechselt. Die mit den bayerischen E 91.01–20 fast identischen preußischen Loks mit den Ordnungsnummern von 81 bis 94 haben zur Baureihe E 91.8 gehört, die Loks mit den Ordnungsnummern von 95 bis 106 zur Baureihe E 91.9, die sich nicht nur äußerlich an Stirn- und Seitenwänden, sondern auch technisch durch Widerstandsbremse und längeren Achsstand deutlich von ihren Vorgängern unterschieden hat.

Für Schlesien ist 1929 eine Nachbauserie von zwölf Maschinen der Reihe E 91.9 gefolgt. Bei dieser Variante waren sämtliche Lüftergitter in Fensterhöhe angeordnet, die dreifenstrige Stirnfront war geschlossen und die elektrische Ausrüstung hatte eine Widerstandsbremse erhalten. Auf dieser Seite ist ausnahmsweise die Museumslokomotive E 91 99 abgebildet. Zum 150-jährigen Jubiläum hat die Bundesbahn die nebenstehend gezeigte Ellok äußerlich in ihren Zustand bei der Ablieferung versetzt. Die Aufnahme ist am 12. Oktober 1985 auf der Ausstellung in Bochum-Dahlhausen entstanden.

Die niedrige Höchstgeschwindigkeit von nur 55 km/h hat E 91 und E 91.9 bald aus dem Streckendienst verschwinden lassen. Mit 30.000 kp Anfahr-Zugkraft waren die Maschinen jedoch als Verschubloks im schweren Rangierdienst sehr gut geeignet. In modernisiertem Zustand hat E 91 99 am 1. September 1964 im Güterbahnhof München-Berg am Laim eine lange Wagenschlange über den Ablaufberg gedrückt.

Auch im Südwesten Deutschlands waren E 91.9 stationiert, die sich im Rangierbahnhof Weil am Rhein nützlich gemacht haben. Mit angelegten Stromabnehmern hat E 91 101 am 21. Mai 1959 im Bw Haltingen zur Ausfahrt bereit gestanden. Mein erstes 1955 selbst gebautes HO-Lokmodell auf der Basis von zwei E 63-Fahrgestellen und zwei E 44-Gehäusen von Märklin hatte die E 91.9 zum Vorbild und war Gegenstand meiner aller ersten Modellbahn-Veröffentlichung in MIBA-Heft 9/1956. Auch nach 60 Jahren ist das Modell noch immer fahrbereit.

Als „halbe E 91“ ist 1927 die „kleine Güterzug- und Rangierlokomotive“ mit der Achsfolge 1'C der Reihe E 60 entstanden, bei der sich vorne der kurze Vorbau befindet. Aufgrund der Übernahme verschiedener Baugruppen von E 52 und E 91 mit diesen eng verwandt, haben die „Bügeleisen“ auf bayerischen Bahnhöfen ein vertrautes Bild geboten. In ihrem Heimat-Bw Garmisch hatte E 60 01 am 18. Juli 1958 neben E 44 001 eine Pause eingelegt. Bis auf die grüne Farbgebung waren damals beide Loks äußerlich noch fast im gleichen Zustand wie bei ihrer Inbetriebnahme.

Auch an den Weihnachts-Feiertagen versehen Eisenbahner zuverlässig ihren Dienst. Erkennbar an der dicken Jacke des Rangierers war es am 25. Dezember 1957 recht kalt, als E 60 06 in eines der südlichen Gleise des Münchner Hauptbahnhofs eingefahren ist. Der im – auf dem Bild linken – Fenster des Führerstands sichtbare herabhängende Signalflügel hat angezeigt, dass die Sifa der Lok ausgeschaltet war.

Nach kurzer Pause im Bw hat E 60 01 im Bahnhof Garmisch-Partenkirchen die Garnitur für einen Eilzug bereit gestellt. Aufmerksam hat der Lokführer den Rangierer auf dem Trittbrett des zweiten Wagens beobachtet, denn er selbst konnte das Ende der Wagengruppe nicht sehen. Anno 1958 konnte nur der Lokführer den Zug bremsen, so dass die Sichtverbindung zwischen den Eisenbahnern absolutes Sicherheitserfordernis war.

Die DB hat diese Loks 1958/59 generalüberholt. In modernisierter Form mit stirnseitigen Übergangsbühnen, mit zusätzlichen in Gummi gefassten Fenstern und in weinroter Farbgebung war E 60 04 am 8. August 1959 in Freilassing auf Rangierfahrt, als sie dort eines der wenigen damals noch vorhandenen bayerischen Hammer-Signale passiert hat.

Südlich von Murnau hat E 60 09 am 25. August 1961 einen kurzen Übergabe-Zug bei Hechendorf durch das Murnauer Moos befördert. Reizen die an einen Anfängerkurs in Erster Hilfe erinnernden Pflaster und Flicken auf dem Dach des G 10-Güterwagens nicht zur Nachbildung auf der Modellbahn?

Nachdem die Entwicklung elektrischer Rangierloks so weit fortgeschritten war, dass sie ohne Laufachse gebaut werden konnten, ist ab 1935 die Baureihe E 63 in dreiachsiger Ausführung in zwei Varianten von Krauss-Maffei/BBC und von AEG zum Einsatz gekommen. Zu letzterer hat E 63 01 gehört, die am 25. Juli 1958 im Stuttgarter Hauptbahnhof eingesetzt war.

Kurze Zeit danach hat die Lok die auf Seite 25 gezeigte mit E 17 eingefahrene Zuggarnitur aus Gleis 12 abgezogen. Übrigens waren die fünf von der AEG gebauten E 63 01-04 und 08 mit Motoren der Baureihe E 18 ausgerüstet. Im Gegensatz zur E 60 war der mit „1“ gekennzeichnete lange Vorbau vorne.

Zu den drei von Krauss-Maffei/BBC hergestellten Exemplaren der Baureihe E 63 hat E 63 05 gehört, die am 25. Dezember 1957 im Starnberger Flügel des Münchner Hauptbahnhofs rangiert hat. Auch bei dieser Lok war der lange Vorbau mit „1" markiert. Als Lieferant des elektrischen Teils hat BBC seine Rangierloks mit den gleichen Motoren versehen wie die fast gleichzeitig gelieferten E 16.1.

Fünf Tage später war E 63 05 am 30. Dezember 1957 im Bw München Hbf neben E 44 171w, E 44 094[G] und E 91 15 anzutreffen. Anfang der 1960er Jahre haben alle acht Loks der Baureihe E 63 im Ausbesserungswerk Freimann eine Grundüberholung erhalten. Äußerlich auffallend sind dabei über den Pufferbohlen Rangierer-Übergänge angebracht worden und die Führerstände haben zusätzliche und in Gummi gefasste Fenster erhalten. Mit roter Lackierung waren die Elloks den zahlreichen V 60 Dieselloks angepasst worden. In dieser Ausführung ist E 63 05 erhalten worden und steht heute im Bahnpark Augsburg.

Nach mehreren Vorstudien mit Stangenantrieb ist bereits 1927 die erste von sechs schweren Güterzug-Elloks mit Tatzlager-Motoren in Dienst gestellt worden. Mit einer Leistung von 2778 kW waren diese Loks damals die leistungsfähigsten Güterzug-Elloks der DR. Die Ausführung der längsten, schwersten und teuersten Reichsbahn-Ellok als Doppellok mit der Achsfolge 1'Co+Co1' hat Rücksicht auf die Platzverhältnisse im RAW Lauban genommen und damit der von E 90.5 und E 92.7 bekannten schlesischen Tradition entsprochen. Die Bewährung der E 95 hat schließlich zur laufachslosen Baureihe E 93 geführt. Erfreulicherweise ist E 95 02 erhalten geblieben, so dass sie am 10. Juni 1995 im Bw Halle P vor der Kamera stehen konnte.

Nach dem Erfolg der E 95 mit Einzelachsantrieb durch Tatzlager-Motoren im Güterzugdienst ist im Jahr 1933 fast gleichzeitig mit der ersten E 44-Serie die sechsachsige E 93 erschienen. Damit war der Stangenantrieb für elektrische Strecken-Elloks abgemeldet, und der von Geheimrat Reichel bei SSW verfochtene Tatzlager-Motor hatte endlich seinen Durchbruch erreicht. Allerdings sind alle 18 Maschinen der Baureihe E 93 von der AEG geliefert worden. Mit per Seilzug über Umlenkrolle anhebbarer starrer Überwurfkupplung hat E 93 02 am 21. Juli 1958 in Geislingen zum Schiebedienst bereit gestanden.

Am 23. Juli 1958 war E 93 12 auf Rangierfahrt in Kornwestheim unterwegs. Im Hintergrund ist das große Gebäude einer früher sehr bekannten Schuhfabrik von der Rückseite her sichtbar, so dass der Firmenname SALAMANDER rechts auf dem Dach in Spiegelschrift erscheint. Ausgerechnet im Augenblick der Aufnahme ist links im Bild ein Vogel ganz dicht an der Kamera vorbeigeflogen.

Zu Deutschlands schönsten Brückenbauwerken zählt der von Karl Etzel 1851-1853 geschaffene 287 m lange und 35 m hohe zweigeschossige Bietigheimer Enzviadukt mit seinen 21 charakteristischen Strebebögen. Nach der Zerstörung im Krieg konnte 1946 eine nördlich direkt neben dem Viadukt erbaute eingleisige Behelfsbrücke aus RW-Gerät in Betrieb genommen werden. Beim Wiederaufbau der zerstörten westlichen Bögen – links im Bild an ihren unterschiedlichen Steinen erkennbar – sind erster und achter Bogen ausgemauert worden. Mit einem zahlreiche G 10-Wagen enthaltenden Güterzug hat E 93 18 am 25. Juli 1958 das Enztal überquert.

E93 04

Ein halbes Dutzend deutscher Krokodile hat am 25. Juli 1958 vor dem Ellok-Schuppen des Bw Kornwestheim in der Mittagssonne gestanden. Von links beginnend sind E 93 15, E 93 10, eine E 94, E 94 012, E 94 045, E 93 08 und eine weitere E 94 zu erkennen. Erstaunlich war ein erhabener Punkt zwischen Baureihe und Ordnungsnummer auf den gegossenen Metall-Nummernschildern von E 93.15.

linke Seite: Von Kornwestheim aus waren E 93 Ende der fünfziger Jahre auf allen vom Heimat-Bw ausgehenden elektrifizierten Strecken eingesetzt und daher ebenso in Ulm wie in Mannheim anzutreffen. Am 26. Juli 1958 ist bei Bretten die Aufnahme von E 93 04 vor einem der damals typischen langen gemischten Güterzüge entstanden. Ob die Benutzung eines Daimler-Benz zur Fahrt auf den Müllabladeplatz wohl im Schwabenland obligatorisch ist?

Als Weiterentwicklung der E 93 ist ab 1940 die Baureihe E 94 auf die Strecken in Deutschland und Österreich gekommen. Davon sind 47 Maschinen zur ÖBB gelangt, die ihren Dienst später als Reihe 1020 und in orange-roter Lackierung versehen haben. Zu den ersten von der AEG noch 1940 ausgelieferten Exemplaren hat E 94 014 gehört, die am 30. Mai 1958 im Bahnhof von Landshut einen aus Trostberg von den Süddeutschen Kalkstickstoff-Werken kommenden Kalkwagen-Leerzug für die Rückfahrt nach Regensburg übernommen hatte.

Westlich von Bad Endorf liegt der Weiler Bergham. Dort hat E 94 053 auf der Fahrt in Richtung Freilassing am 18. Juli 1958 eine recht fotogene Wegbrücke unterquert. Damals sind südlich von München vor allem zwischen Rosenheim und Salzburg Elloks versuchsweise mit nur einem Stromabnehmer gefahren, der mit Kasperowski Mehrstoff-Schleifleisten ausgerüstet war. Wie sich an E 16 gezeigt hat, ist das bis zu einer Geschwindigkeit von 110 km/h möglich. Trotzdem haben etliche Altbau-Elloks später geänderte Stromabnehmer mit verschmälerter Oberschere und Einheits-Doppelschleifstück erhalten.

Am 7. August 1959 hatte E 94 109 bei Rimsting den Chiemsee fast erreicht. Typisch für die damalige Zeit waren nicht nur Formsignale, sondern auch eine Wellblechbude mit Signal-Fernsprecher am Einfahrsignal. Das Haus am linken Bildrand lässt keinen Zweifel aufkommen, dass die Aufnahme in Oberbayern entstanden ist. Auch die damals im Bw München-Ost stationierte Zuglok hatte nur den hinteren Stromabnehmer angelegt.

Nach 1945 sind noch 55 Loks als Nachbauten an die ÖBB und die DB geliefert worden. Dadurch hat die Baureihe E 94 mit insgesamt 200 abgelieferten Exemplaren die höchste Stückzahl aller Altbau-Elloks erreicht. Die ab 1953 ausgelieferten E 94 141, 142 und 262–285 hatten verstärkte SSW-Motoren, die eine Stundenleistung von 4680 kW gegenüber 3300 kW der Ursprungsausführung abgeben konnten. Als bei diesen Loks 1970 die Höchstgeschwindigkeit ohne Motor- und Getriebe-Änderung auf 100 km/h heraufgesetzt wurde, sind sie als 194.5 bezeichnet worden. Am 18. September 1982 war 194 567 auf der Nord-Süd-Strecke in der Haarnadelkurve von Elm auf dem Rückweg zu ihrem Heimat-Bw Nürnberg Rbf.

Noch mit alter Betriebsnummer hat E 94 266 vom Bw Aschaffenburg am 14. September 1964 bei Kaichen die Wetterau durchfahren. Seit die vor allem von Güterzügen befahrene von Hanau nach Nordwesten führende Strecke ab 1960 elektrisch betrieben wurde, ist in Friedberg von Ellok auf Dampflok bzw. umgekehrt umgespannt worden. Nachdem am 14. Mai 1965 der elektrische Betrieb von Frankfurt über Friedberg, Gießen und Siegen nach Hagen eröffnet war, ist in der Relation Ruhrgebiet – Bayern kein Lokwechsel mehr nötig.

Auf der Spessart-Rampe zwischen Laufach und Heigenbrücken haben früher bayerische Mallet-Loks Gt 2x4/4 der Baureihe 96 nachgeschoben, später preußische T 20 der Baureihe 95 und kurze Zeit haben sich auch V 188 abgemüht. Mit dem elektrischen Betrieb sind 1957 nagelneue E 50 gekommen, die später von E 94 abgelöst worden sind. Nach deren Ausmusterung sind wieder E 50 angetreten und als deren Nachfolger 151 bis heute. Hier begegnet uns E 94 276 am 23. Mai 1964 auf Talfahrt in Laufach dort, wo zukünftig rechts die neue Spessart-Rampe mit geringerer Steigung beginnen wird.

Vier E 94 der verstärkten Ausführung haben versuchsweise Hochspannungs-Steuerung erhalten. Bei dieser werden die Motoren nicht direkt vom Trafo gespeist, sondern eine bis etwa zur Netzspannung ansteigende Speisespannung wird bei geringer Stromstärke gesteuert und einem Leistungsteil des Trafos zugeführt, wobei die Spannung etwa im Verhältnis 1:30 abnimmt und die Stromstärke umgekehrt proportional zunimmt. E 94 270, die am 23. Mai 1964 an der ehemaligen Blockstelle Eisenwerk im Spessart auf Bergfahrt war, und E 94 271 hatten einen den späteren E 10/E 40 ähnlichen Hochleistungs-Transformator und Hochspannungssteuerung von SSW erhalten. Typisch für die Nachbau-E 94 sind stirnseitige Lüfterjalousien am hinteren Vorbau.

Als zweite Variante waren E 94 141 und 142 mit Transformator und Hochspannungs-Steuerung von BBC ausgerüstet worden. In Gemünden am Main war eine Fußgänger-Brücke über das Bahngelände zum Betriebswerk viele Jahre lang beliebter Standpunkt für Fotografen, so am 20. August 1962 für dieses Aufnahme von E 94 141. Äußerlich waren die vier Versuchsloks von Weitem zu erkennen, denn sie hatten keine Widerstandsbremse und daher nicht den hohen Dachaufbau der Regelausführung wie E 94 267 im Nebengleis.

Ziemlich selten waren Akku-Rangierloks. Eine Sonderbauart, die Ihren Strom aus mitgeführten Akkumulatoren und/oder über Quecksilberdampf-Gleichrichter aus dem Fahrdraht beziehen konnte, bildeten fünf im Jahr 1930 beschaffte Lokomotiven der Baureihe E 80. Sie waren zur Bedienung nicht elektrifizierter Abstell- und Industriegleise im Münchner Raum vorgesehen, wobei eine Achslast von 17 Mp einzuhalten war. Bei vier Treibachsen waren zusätzlich zwei Laufachsen erforderlich, so dass die Achsfolge (A1A)(A1A) zur Ausführung gekommen ist. In der Mittagspause des 10. Juli 1958 hat E 80 05 im Bw München Hbf verweilt.

Erwähnenswert ist von dieser Baureihe, dass 1957 von SSW erstmals Hochleistungs-Silizium-Gleichrichter in E 80 01 eingebaut wurden und dass damit die Halbleiter-Technologie Eingang in den Bahnbetrieb gefunden hat. Diese Entwicklung ist später bei der E 320 fortgesetzt worden und kann als erster Schritt auf dem Weg zur Leistungselektronik moderner Elloks mit Drehstrom-Motoren angesehen werden. Die Aufnahme der linken Lokseite mit vier Lüfterjalousien zwischen den Führerständen ist am 20. Juli 1958 in München gelungen auf Fahrt mit dem Moped von Traunstein nach Stuttgart.

In den Jahren 1936/37 sind mehr als 30 elektrische Kleinloks mit Akkumulatoren (Ka) ausgeliefert worden, die äußerlich den Kleinloks mit Verbrennungsmotor der Leistungsgruppe II ähnlich waren. Ka 4903 war am 25. August 1964 im Bahnhof von Raubling anzutreffen. Der zwischen Kiefersfelden und Rosenheim liegende Ort ist Eisenbahnfreunden wohlbekannt durch das dortige Torfwerk, das die letzte bayerische D VI „Berg“ eingesetzt hatte.

In nur zwei Exemplaren hat die Bundesbahn Akku-Kleinloks beschafft, und das war 1955. An der Überladestation für Straßenroller in Nürnberg-Doos war Ks 4993 am 27. Februar 1959 gemeinsam mit einer Kaelble-Zugmaschine um einen Güterwagen bemüht. Statt von „Akku" hat man damals von „Speicher" gesprochen. Daher war die Lok als „Ks" und nicht als „Ka" bezeichnet.

Eine besondere Rarität war E 170 01, die am 11. Juli 1958 im Bahnhof von Berchtesgaden rangiert hat. Die 1913 für die Spandauer Hafenbahn mit 1000 V Fahrdrahtspannung beschaffte Gleichstrommaschine ist 1925 zur Reichsbahn gekommen, die sie nach Oberbayern versetzt hat. Nach Stilllegung der ehemaligen Lokalbahn von Salzburg über St. Leonhard nach Berchtesgaden und Umstellung der Strecke von Berchtesgaden zum Königssee auf 15 kV/16 $^{2}/_{3}$ Hz ist das Fahrzeug im Zweiten Weltkrieg zur Akku-Lok umgebaut worden. Sie hat danach weiterhin Anschlussgleise in Berchtesgaden und Umgebung bedient, auch hat sie Salonwagen für Besucher des Berghofs rangieren dürfen.

50-Hertz-Betrieb auf der Höllentalbahn

Unter der Leitung des Baudirektors der großherzoglich badischen Staatsbahnen Robert Gerwig, des genialen Erbauers der 1873 vollendeten Schwarzwaldbahn und obersten Bauleiters der Gotthardbahn, ist von 1884 bis 1887 die Höllentalbahn zwischen Freiburg und Neustadt entstanden. Das restliche Stück bis Donaueschingen ist 1901 vollendet worden, und schließlich war 1926 die Dreiseenbahn von Titisee nach Seebrugg mit dem auf 967 m über NN höchstgelegenen DB-Bahnhof Feldberg-Bärental fertig.

Auf dem 55 Promille steilen Abschnitt zwischen Hirschsprung und Hinterzarten war eine Zahnstange verlegt. Nach erfolgreichen Versuchen von Generaldirektor Dr.-Ing. e. h. Otto Steinhoff auf der Halberstadt-Blankenburger Bahn im Harz mit 1E1-Tenderloks der Tier-Klasse konnte 1933 der Zahnradbetrieb eingestellt werden. Dazu sind zehn 1'E1'-h3-Tenderloks der Baureihe 85 beschafft worden, die bis 1960 auf der Strecke eingesetzt waren.

Auf Anregung der elektrischen Großindustrie ist 1934/35 die Strecke Freiburg – Neustadt mit dem Abzweig nach Seebrugg elektrifiziert worden, um einen harten Versuchsbetrieb mit 50 Hz-Wechselstrom aus dem allgemeinen Landesnetz durchzuführen. Wegen höherer Blindleistungsverluste bei dieser Frequenz hat man eine Spannung von 20 kV gewählt, die vom Unterwerk Titisee aus eingespeist worden ist. Die DR hat 1933 Aufträge zum Bau je einer 50 Hz-Lokomotive an vier Großfirmen vergeben, wobei den Herstellern im elektrischen Teil weitgehende Freiheit gelassen wurde. Im mechanischen Teil war eine Anlehnung an die gerade in Serie gegangene E 44 gefordert. Alle vier 1936 ausgelieferten Maschinen waren mit elektrischer Bremse ausgerüstet.

E 244 01 von AEG hat im Fahrzeugteil den kurz zuvor fertiggestellten E 44 106–109 (E 44 506–509) entsprochen und war als Gleichrichterlokomotive mit Spannungsregelung mittels Anodengittern im Quecksilberdampf-Gleichrichter ausgerüstet. Außerdem konnten je zwei Fahrmotoren in Serie bzw. alle vier parallel geschaltet werden. Die Widerstandsbremse war fremderregt und fahrdrahtabhängig.

E 244 11 von BBC/Krauss-Maffei war ebenfalls eine viermotorige Gleichrichter-Lokomotive, jedoch ist dem wassergekühlten Quecksilberdampfgleichrichter geregelte Wechselspannung zugeführt worden. Als einzige Reichsbahn-Ellok hat die Maschine eine BBC-Hochspannungssteuerung besessen, wobei die Oberspannungswicklung des Gleichrichtertrafos in 28 Fahrstufen mit maximal 20 kV gespeist worden ist. Die Lok hatte eine fahrdrahtunabhängige Widerstandsbremse.

Die E 244 21 von SSW/Krauss-Maffei war mit acht 14-poligen von Prof. Reichel entworfenen 50 Hz-Tatzlagermotoren ausgestattet. Die mit Nockenschaltwerk und Feinregler ausgerüstete Lok hatte eine fahrdrahtunabhängige Widerstandsbremse.

E 244 31 von Lahmeyer/Krupp war elektrotechnisch am interessantesten, denn sie hatte pro Achse je einen von Dr. Schön entwickelten kommutatorlosen Phasenspalter-Motor mit Zwischenläufer und einen Drehstrommotor. In drei Dauerfahrstufen haben sich folgende Schaltungen ergeben:

I Einphasenmotor und Drehstrommotor hintereinander geschaltet, wobei der Einphasenmotor Drehstrom lieferte (34 km/h),
II Einphasenmotor alleine (59 km/h) und
III Drehstrommotor alleine (83 km/h).

Zwischengeschwindigkeiten sind über Wasserwiderstände geregelt worden. Eine besondere elektrische Bremse war nicht nötig, weil die Maschine bei Überschreiten der synchronen Drehzahl selbsttätig auf Nutzbremsung übergegangen ist.

Im Betriebsdienst war E 244 21 mit ihren acht 50 Hz-Motoren am unempfindlichsten, abgesehen vom Mehraufwand beim Bürstenwechsel. Auf Veranlassung der französischen Besatzungsmacht sind daher schon 1948 zwei weitere Direktmotor-Fahrzeuge in Auftrag gegeben worden. Im Bw Basel ist die beschädigte E 44 005 mit AEG-Tandem-Motoren zur E 244 22 umgebaut worden, und die Waggonfabrik Rastatt hat den ausgebrannten ET 25 026 zum ET 255 01 mit elektrischer Ausrüstung von SSW restauriert. Beide Fahrzeuge sind 1950 zur Höllentalbahn gekommen.

Nachdem die Oberrheinstrecke seit dem 4. Juni 1955 von Basel bis Freiburg mit 15 kV/16 $^{2}/_{3}$ Hz elektrifiziert war und Elloks seit dem 2. Juni 1956 bis Heidelberg gerollt sind, war Freiburg zum Systemwechsel-Bahnhof geworden. E 244 hatten an den Ecken weiße Markierungen erhalten, damit sie vom Stellwerk leicht erkannt und unter den richtigen Fahrdraht geleitet werden konnten. Da ohnehin im Höllental damals noch Dampfloks aushelfen mussten, hat man sich zur Aufgabe des 50 Hz-Inselbetriebs entschlossen. Am 20. März 1960 hat E 40 135 den 16 $^{2}/_{3}$ Hz-Eröffnungszug geführt.

Am 20. Mai 1959 hatte E 244 31 mit P 1566 gerade das Westportal des Oberen Hirschsprung Tunnels verlassen. In diesem Bereich liegen Rotbach, Bundesstraße 31 und Bahngleis so eng nebeneinander, das der Fotograf auf eine Stützmauer geklettert war, um dem Zug nicht im Weg zu stehen. Hier an der engsten Stelle des Tals soll sich der Sage nach ein Hirsch durch einen gewaltigen Sprung vor der Verfolgung gerettet haben. Daran erinnert heute eine etwa 2 m hohe bronzene Hirschfigur auf einem Felsen am südlichen Berghang.

An ihrem hohen Dachaufbau, der die Bremswiderstände trug, war die mit acht 50 Hz-Direktmotoren ausgerüstete E 244 21 schon aus der Ferne von ihren Schwestern zu unterscheiden. Die positiven Erfahrungen mit dieser Lok waren Anlass zum Umbau von E 44 005 in E 244 22, die ihren Dienst im Höllental gemeinsam mit dem Triebwagen ET 255 01 im Jahr 1950 angetreten hat. Am 5. April 1959 hat es am Hirschsprung noch einen viergleisigen Bahnhof für den langen P 1569 gegeben.

Am nächsten Tag hat E 244 21 den P 1557 über den im Dezember 1927 in Betrieb genommenen massiven Ravenna-Viadukt im Bereich der Steilrampe oberhalb der Station Höllsteig geschleppt. Die waagrechten Fugen des Mauerwerks verdeutlichen die Steigung. Von der Direktmotor-Lok ist noch zu erwähnen, dass jeder Doppelmotor mit 56 Kohlebürsten versehen war, so dass bei einem Wechsel 448 Stück auszutauschen waren. Umfangreiche Versuche mit Spalt- und Spreizkohlen an dieser Lok haben bei 16 $^{2}/_{3}$-Hz-Maschinen zur Steigerung der Kollektorlaufzeiten auf das Zwei- bis Dreifache geführt.

Der erst 1950 zur Höllentalbahn gekommene Nachzügler E 244 22 begegnet uns hier im Bf Hinterzarten am 14. April 1958. Die Lok ist im Bw Basel aus der kriegsbeschädigten E 44 005 entstanden, die eine neue elektrische Ausrüstung für 50 Hz mit AEG-Motoren erhalten hat. Die Ergebnisse mit dieser Lok haben die Entscheidung der SNCF für deren 50 Hz-Netz in Nordost-Frankreich wesentlich beeinflusst. Nach Beendigung des Versuchsbetriebs im Schwarzwald ist die Maschine elektrisch für Betrieb mit 16 $^{2}/_{3}$ Hz und äußerlich mit Bauteilen der Neubau-Elloks umgebaut worden und 1965 nicht als E 44 005 sondern als E 44 189 wieder nach Freiburg zurück gekommen.

Hinter der im Vordergrund zum Schluchsee abzweigenden Dreiseenbahn ist am 6. April 1959 von Neustadt kommend der Eilzug E 586 mit E 244 31 in Titisee eingefahren. Diese Drehstrom-Lokomotive hat die elektrotechnisch aufwendigste Ausrüstung besessen. Nach der Ausmusterung war die Lok im Deutschen Museum aufgestellt und ist 1970 im Tausch gegen V 140 001 an das Verkehrsmuseum Nürnberg gegangen. Am separat ausgestellten Phasenspalter-Motor konnte ich in einem von der Aufsicht unbeobachteten Augenblick meinen Begleitern den frei drehbaren Zwischenläufer vorführen und von Hand in Bewegung setzen.

Die AEG-Probelok E 244 01 entspricht äußerlich den vom gleichen Hersteller kurz zuvor gelieferten letzten E 44.5. Bei einer Dienstlast von 85 Mp hatte sie mit 21,7 Mp die höchste Achslast aller 50 Hz-Maschinen. Am 21. Mai 1959 hat die Lok den Eilzug E 587 östlich von Titisee nach Neustadt befördert, wo die elektrische Fahrleitung auch heute noch endet und daher ein Lokwechsel notwendig ist. Dem Eilzug ist damals ein mit 85 002 bespannter Nahgüterzug gefolgt (siehe Band 4 der „Farbbild-Raritäten …", Seite 106), denn die fünf 50 Hz-Elloks haben nicht zur Bespannung aller Züge auf der Höllental- und Dreiseenbahn ausgereicht.

Bereits im Frühjahr 1936 ist E 244 11 von Krauss/BBC als erste 50 Hz-Probelok ausgeliefert worden. Äußerlich weitgehend der Serien-E 44 entsprechend, waren bei dieser Maschine Bremswiderstände mit eigenem Lüfter im hinteren Vorbau eingebaut. Daher hatte dieser runde Luftgitter an der Seite. Am 21. Mai 1959 ist die Lok bei Neustadt-Hölzlebruck mit ihrem charakteristischen Vorbau voraus gefahren. Deutlich fallen die quadratischen weißen Markierungen an den abgeschrägten Kanten der Stirnseiten der 50 Hz-Lok auf. Dadurch waren diese in Freiburg vom Stellwerk aus leicht erkennbar, um sie nicht versehentlich unter 16 $^{2}/_{3}$ Hz- Fahrdraht zu schicken.

Ebenfalls am 21. Mai 1959 begegnet uns bei Hölzlebruck am Signalfernsprecher E 244 21 mit typischen zweiachsigen Höllentalbahn-Wagen. Die schneebedeckten Berge im Hintergrund zeigen, dass der Winter im Mai noch nicht vorbei war. Aus der Zuglok ist später die Zweisystemlok E 344 01 entstanden, die zusammen mit Neubau-Elloks der Reihe E 320 noch einige Jahre lang von Saarbrücken aus eingesetzt war.

Als drittes Direktmotor-Fahrzeug war ET 255 01 gemeinsam mit E 244 22 im Jahr 1950 zur Höllentalbahn gekommen. Leider mussten oft Ersatzzüge im Plan des Triebwagens aushelfen, denn er war sehr empfindlich. In der Morgensonne des 21. Mai 1959 wollte es das Fotografen-Glück, dass ein roter Farbtupfer die schöne Schwarzwald-Landschaft geziert hat. Das letzte Bild in diesem Buch vervollständigt die Aufnahmen des 50 Hz-Fahrzeugparks und weist zugleich auf Band 8 der „Farbbild-Raritäten" mit Fotos von Triebwagen hin.

Literaturverzeichnis

Fachbücher

100 Jahre elektrische Zugförderung – 100 Jahre elektrische Triebfahrzeuge von Siemens; Eisenbahn-Kurier, Freiburg – 1979

Bäzold, D./Fiebig, G.: Archiv elektrischer Lokomotiven; Transpress, Berlin – 1963

Bäzold, D./Obermayer, H. J.: Die Baureihen E 04 und E 17; Merker, Fürstenfeldbruck – 1993

Bellingrodt, C.: Elektrische Lokomotiven – fotografiert von Carl Bellingrodt; Eisenbahn-Kurier, Freiburg – 1979

Bitter, E./Henning, G./Weiß, K./Sander, K.: Handbuch der elektrischen Triebfahrzeuge der Deutschen Bundesbahn; Vermögensverwaltung der GDL, Frankfurt/M – 1959

Born, E.: Lokomotiven und Wagen der deutschen Eisenbahnen; Hüthig & Dreyer, Mainz und Heidelberg – 1958

Braun, A./Hofmeister F.: E 04 – Portrait einer Deutschen Schnellzuglok; Eisenbahnclub München – 1981

Braun, A./Hofmeister F.: E 16 – Portrait einer Bayerischen Schnellzuglok; Eisenbahnclub München – 1980

Braun, A./Hofmeister F.: E 17 – Portrait einer Deutschen Schnellzuglok; Eisenbahnclub München – 1982

Braun, A./Hofmeister F.: E 18 – Portrait einer Deutschen Schnellzuglok; Eisenbahnclub München – 1984

Braun, A./Hofmeister F.: E 19 – Portrait einer Deutschen Schnellzuglok; Eisenbahnclub München – 1979

Braun, A./Hofmeister F.: E 445 und die Bahnlinie Freilassing – Berchtesgaden; Eisenbahnclub München – 1983

Brüning, R.: Meisterfotos von der Bundesbahn in Farbe, Band 2: Die elektrische Traktion 1957 – 1967; Eisenbahn-Kurier, Freiburg – 1983

Bürnheim, H.: Localbahn A.-G. München; Zeunert, Gifhorn – 1974

Bufe, S./Klarer. G. J.: Eisenbahnen in Schlesien, Alba, Düsseldorf – 1971

Deinert, W.: Elektrische Lokomotiven für Vollbahnen; Transpress, Berlin – 1961

Deister, W.: Elektrische Bahnen; Otto Maier, Ravensburg, ca. 1948

Deutsche Reichsbahn (Herausgeber):Hundert Jahre deutsche Eisenbahnen; Verkehrswissenschaftliche Lehrmittelgesellschaft, Leipzig -2 Auflage 1938

Dollhofer, J.: Das Walhalla-Bockerl; Mittelbayerische Druckerei- und Verlagsgesellschaft, Regensburg – 1972

Ernst, F.: Rheingold; Alba, Düsseldorf – 1971

Estler, T.: Baureihe E 93; transpress, Stuttgart – 2000

Gemeinböck, F./Pischek, W./Streil, W.: Die Baureihe E 44.5; Kiruba, Mittelstetten – 2015

Glanert, P./Richter, W-D./Borbe, T.: Die Ellok-Baureihen E 01 und E 71; VGB, Fürstenfeldbruck – 2014

Glanert, P./Borbe, T./Richter, W-D.: Reichsbahn-Elloks in Schlesien; VGB, Fürstenfeldbruck – 2015

Gottwaldt, A. B.: 100 Jahre deutsche Elektro-Lokomotiven; Franckh Stuttgart – 1979

Haut, F. J. G. : Die Geschichte der elektrischen Triebfahrzeuge, Band 1; Birkhäuser, Basel und Stuttgart - 1972

Krauss-Maffei: Lokomotiven im Deutschen Museum; Deutsches Museum, München – 1978

Lehmann, H./Pflug, E.: Der Fahrzeugpark der Deutschen Bundesbahn und neue, von der Industrie entwickelte Schienenfahrzeuge; G. Siemens; Berlin und Bielefeld – 1956

Lüdecke, F.: Die elektrischen Rangierlokomotiven der Baureihen E 60 und E 63; Eisenbahn-Kurier, Freiburg – 1979

Lüdecke, F.: Die Baureihe E 32; Eisenbahn-Kurier, Freiburg – 1980

Lüdecke, F.: Die Baureihe E 44; Eisenbahn-Kurier, Freiburg – 1985

Lüdecke, F.: Die Baureihe E 52; Eisenbahn-Kurier, Freiburg – 1980

Lüdecke, F. Die Baureihe E 75; Eisenbahn-Kurier, Freiburg – 1982

Maey, H.: Die Fahrzeuge der Deutschen Reichsbahn und der Berliner Stadtbahn im Bild; 1930 – 1938 erschienene Schriftenreihe, Nachdruck Steiger, Moers – 1982

Messerschmidt, W.: Ellok-Raritäten; Franckh, Stuttgart – 1976

Muhl, A./Seidel, K.: Die württembergischen Staatsbahnen; Theiss Stuttgart und Aalen – 1970

Obermayer, H-J.: Taschenbuch deutsche Elektrolokomotiven; Franckh, Stuttgart – 1970

Polifka, K./Benzenberg, M./Joachimsthaler, A.: 50 Jahre Bundesbahn-Ausbesserungswerk München-Freimann; Bundesbahn-Ausbesserungswerk München-Freimann, 1977

Rampp, B./Bäzold, D./Lüdecke, F.: Die Baureihe E 94; Eisenbahn-Kurier, Freiburg – 1990

Rampp, B.: Die Baureihe E 18; Eisenbahn-Kurier, Freiburg – 2003, 2012

Rheinstahl AG: 125 Jahre Henschel-Lokomotiven; Alba, Düsseldorf – 1973

Rossberg, R. R.: Die Lokalbahn Murnau –Oberammergau; Franckh, Stuttgart – 1970

Rossberg, R. R.: Tempo 200 – Eisenbahn heute; Franckh, Stuttgart – 1971

Ruff, B.: Die Höllentalbahn; Rösler & Zimmer, Augsburg – 1970

Schell, F.: 110 Jahre Eisenbahndirektion Karlsruhe; Eisenbahn-Kurier, Freiburg – 1982

Scheingraber, G.: Lokomotiven und Wagen der Königlich Bayerischen Staatseisenbahnen; Franckh, Stuttgart – 1968

Steinke, W.: Die Rübelandbahn; transpress VEB Verlag für Verkehrswesen, Berlin – 1982

Stockklausner, H.: 50 Jahre Elektro-Vollbahnlokomotiven; Ployer, Wien – 1952

Stockklausner, H.: Wechselstrom-Lokomotiven in Österreich und Deutschland; J. O. Slezak, Wien – 1983

Stolte, K.: Die Entwicklung der elektrischen Lokomotiven; Fachbuchverlag, Leipzig – 1956

Stumpf, B.: Kleine Geschichte der Deutschen Eisenbahnen; Hüthig & Dreyer, Mainz und Heidelberg – 1955

Periodica

Die Bundesbahn; Hestra/C Röhrig, Darmstadt

Eisenbahn; Ployer, Wien

Eisenbahn-Amateur; SVEA, Zürich

Eisenbahn Geschichte; DGEG Medien, Hövelhof

Eisenbahn-Kurier; EK, Freiburg

eisenbahnmagazin/moderne eisenbahn; alba, Düsseldorf/ GeraMond, München

Jahrbuch des Eisenbahnwesens; Hestra/C Röhrig, Darmstadt

Lok-Magazin; Franckh, Stuttgart/GeraMond, München

Miniaturbahnen; MIBA, Nürnberg/VGB Fürstenfeldbruck

Modellbahnrevue; G. Schmidt, Stuttgart

Modelleisenbahner; Transpress, Berlin/MEB Verlag, Bad Waldsee/VGB, Fürstenfeldbruck

VdEF-Mitteilungen; VdEF, Wuppertal

Noch mehr Farbbild-Raritäten ...

Mit Dampf durch Bayern

Rolf Brüning: Mit Dampf durch Bayern. Band 3 der Reihe „Farbbild-Raritäten aus dem Archiv Dr. Rolf Brüning". 108 Seiten im Format 24 x 22 cm, ca. 100 Abbildungen, fester Einband, ISBN 978-3-937189-32-1; **24,80 Euro**

Mit Dampf durch Baden-Württemberg

Rolf Brüning: Mit Dampf durch Baden-Württemberg. Farbbild-Raritäten aus dem Archiv Dr. Rolf Brüning, Band 4. 108 Seiten im Format 21 x 24 cm mit ca. 110 Farbaufnahmen, fester Einband. ISBN 978-3-937189-38-3; **24,80 Euro**

Mit Dampf durch Rheinland-Pfalz

Rolf Brüning: Mit Dampf durch Rheinland-Pfalz; Band 5 der Reihe „Farbbild-Raritäten aus dem Archiv Dr. Rolf Brüning", 108 Seiten im Format 24 x 22cm, ca. 100 farbige Abbildungen, fester Einband, ISBN 978-3-937189-47-5; **24,80 Euro**

Neubau-Elektroloks der Deutschen Bundesbahn

Rolf Brüning: Neubau-Elektroloks der Bundesbahn. Farbbild-Raritäten aus dem Archiv Dr. Rolf Brüning, Band 6, 108 Seiten im Format 24 x 22 cm, ca. 120 farbige Abbildungen, fester Einband, ISBN 978-3-937189-55-0. **24,80 Euro**

Diesellokomotiven der Deutschen Bundesbahn

Rolf Brüning: Diesellokomotiven der Deutschen Bundesbahn. Farbbild-Raritäten aus dem Archiv Dr. Rolf Brüning, Band 7. 120 Seiten im Format 24 x 22 cm, ca. 130 Abbildungen (Farbe), fester Einband, ISBN 978-3-937189-64-2; **24,80 Euro**

Diesel- und Elektrotriebwagen der Deutschen Bundesbahn

Rolf Brüning: Diesel- und Elektro-Triebwagen der Deutschen Bundesbahn. Farbbild-Raritäten aus dem Archiv Dr. Rolf Brüning, Band 8. 156 Seiten im Format 24 x 22 cm mit ca. 150 Farbaufnahmen, fester Einband, ISBN 978-3-937189-71-0; **29,80 Euro.**

Mit Dampf auf der Nord-Süd-Strecke zwischen Main und Fulda

Rolf Brüning: Mit Dampf auf der Nord-Süd-Strecke zwischen Main und Fulda, Band 9 der Reihe Farbbild-Raritäten aus dem Archiv Dr. Rolf Brüning. 132 Seiten, Format 24 x 22 cm, fester Einband, ca. 150 Farb-Abb., ISBN 978-3-937189-82-6; **27,80 Euro**

DGEG Medien GmbH · Nordstraße 32 · 33161 Hövelhof
Tel. 0 52 57 – 9 35 29 10 · Fax 0 52 57 – 9 36 98 79 · E-Mail: medien@dgeg.de